U0186105

THE COSTUME HISTORY

世界服饰艺术史

[法] 阿尔贝·奥古斯特·拉西内 著　　柴春烨 译

从古代到19世纪服饰艺术图典

金城出版社
GOLD WALL PRESS

中国·北京

图书在版编目（CIP）数据

世界服饰艺术史 /（法）阿尔贝·奥古斯特·拉西内著；柴春烨译 . ——
北京：金城出版社有限公司，2024.3
ISBN 978-7-5155-2410-8

Ⅰ . ①世… Ⅱ . ①阿… ②柴… Ⅲ . ①服饰 - 艺术史 - 世界
Ⅳ . ① TS941.743

中国版本图书馆 CIP 数据核字 (2022) 第 243456 号

世界服饰艺术史
SHIJIE FUSHI YISHUSHI

著　　者	（法）阿尔贝·奥古斯特·拉西内
译　　者	柴春烨
责任编辑	岳　伟
责任校对	王思硕
责任印制	李仕杰
开　　本	889 毫米 ×1194 毫米　1/32
印　　张	18.75
字　　数	320 千字
版　　次	2024 年 3 月第 1 版
印　　次	2024 年 3 月第 1 次印刷
印　　刷	天津联城印刷有限公司
书　　号	ISBN 978-7-5155-2410-8
定　　价	258.00 元

出版发行　**金城出版社有限公司** 北京市朝阳区利泽东二路 3 号
　　　　　　邮编：100102
发 行 部　(010) 84254364
编 辑 部　(010) 64391966
总 编 室　(010) 64228516
网　　址　http://www.jccb.com.cn
电子邮箱　jinchengchuban@163.com
法律顾问　北京植德律师事务所　18911105819

前言

奥古斯特·拉西内的《世界服饰艺术史》：一座19世纪的丰碑
弗朗索瓦·泰塔尔-维蒂

> 我们的父辈不仅传授给我们知识，还将他们一生所钟爱的头饰和其他装饰品传授给我们。我们受益匪浅，能够表达我们敬意的唯一方法就是继承他们的衣钵，为我们的后代留下同样的东西。
>
> [法]让·德·拉布吕耶尔

这是17世纪的法国作家让·德·拉布吕耶尔提出的挑战，面对挑战挺身而出的却是19世纪最大胆的艺术家之一——奥古斯特·拉西内。为了将拉布吕耶尔提到的"衣钵"形象化，让各个民族庞大的历史骑阵能够在每个人的眼前驰骋而过，拉西内在多年前完成了这部服装史的名作——《世界服饰艺术史》（*Le Costume Historique*），这部著作因其丰富的信息和细致的图样而广受赞誉。这也是在法国出版的第一部展现服装史缩影的著作，其规模之大无可匹敌。在此之前，服装研究通常出现在考古学手册中，是军备研究的一个子类，拉西内通过其卓有成效的工作，建立了历史考古与大众服饰之间的联系。关于此曾有过一场持续10年（1864—1875）的争议，拉西内同许多法国艺术家一样，坚持了他的立场。这场争论涉及人文艺术和工业艺术之间的联系。期间，拉西内与收藏家、学者一起创立中央装饰艺术联盟，与其他艺术家一起承担教育部和美术部委托出版的作品，相关作品主要由迪多等官方出版机构出版。《世界服饰艺术史》一书一经出版就得到公众的一致好评。书商勒内·科拉斯是第一本服装总书目（1933年）的作者，他称赞拉西内的作品是"关于服装主题的最重要的综合汇编：

这些文稿取材自较早出版的系列丛书和公共收藏的原始图样"。

1825 年 7 月 20 日，阿尔贝·夏尔·奥古斯特·拉西内在巴黎出生。他的职业生涯很丰富，先后做过工业制图员、技术制图教师和工厂经理，正是由这些职业组成的群体在 19 世纪帮助传播了当时的装饰艺术。像其中许多人一样，他也是先从父亲那里学到了手艺。老拉西内（也叫夏尔·奥古斯特·拉西内）是一名平版印刷工。后来拉西内在巴黎完成了绘画课程。1849—1874 年，他以画家的身份参加了绘画沙龙。然而，他仅仅是将国家图书馆中的古代手稿文献、彩色玻璃花窗相关考古课题和项目中的图样进行复制，然后参加展出。德拉吉尼昂博物馆至今仍保存着一些由拉西内绘制的查理六世和雅克·科尔（15 世纪的法国商人和皇室官员，国王查理七世的顾问）生活场景的画作。

拉西内在艺术复制临摹方面的专长，使他能够参与教学和学术性作品的编撰，包括建筑和室内装饰的词典和手册。拉西内曾和画家费迪南·塞雷、作家夏尔·卢昂德尔合作了《中世纪服装与室内装饰史》（*Histoire du Costume et de l'Ameublement au Moyen—Âge*）一书，为该书绘制了部分插图。由于塞雷意外去世，石版画家、书商和出版商昂加尔-莫热加入这个项目。他在 1858 年出版的四卷本《奢侈品艺术、服装史、家具史以及相关艺术与工业》中引用了塞雷的作品，他是在一位"考古学研究专家"克劳迪斯·夏波里的帮助下完成的。然而，塞雷的部分作品早在 1847—1851 年就由著名的保罗·拉克鲁瓦出版，出现在《中世纪和文艺复兴》一书中，描述了欧洲的习俗、贸易、工业、科学、文学和艺术，这是一份官方的出版物。1852 年拉克鲁瓦出版了十卷本《法国服装的历史》。这些出版作品的版画上，都出现了"塞雷与拉西内绘画和制版"或者"老拉西内绘制"的字样。在分工方面，拉西内父子似乎主要负责绘画和制版的工作。

奥古斯特·拉西内参与这类作品标志着他学术性艺术出版生涯的起点。1878 年 8 月 5 日，他被任命为荣誉骑士，在为此所编制的行政档案中，简单介绍了他的职业，那时他的服装史著作"正在出版中"。在档案介绍中我们了解到，拉西内作为"制图人、宣传人"，不仅仅是《多彩装饰》的作者（此书被译成英语和德语，英文版书名为 *Polychromatic Ornament*），还是各种印刷作品的艺术总监，例如英文和法文彩色版《日式陶瓷》（*La Céramique japonaise*）、皮埃尔·萨尔特科夫王子的《考古学》（*La Collection archaéologique*）、保罗·拉克鲁瓦的《十八世纪》（*Le XVIIIe sièle*）和阿贝·梅纳尔的《圣母玛利亚的肖像》（*L'Iconographie de la Sainte Vierge*）。此外，他还曾为阿普利厄斯的《金驴记》（*Golden Ass*）、费迪南·塞雷和卢昂德尔的《中世纪和文艺复兴》《奢华艺术》，以及恩格曼的《授勋圣灵徽章》（*L'Institution de l'ordre du Sainnt Esprit*）等书绘制插图。官方介绍中还提到了拉西内在 1874—1876 年担任绘画学校评审团秘书时起草的在中央装饰艺术联盟展览上的报告。1893 年 10 月 29 日，拉西内在巴黎附近的蒙福尔拉莫里去世。他最著名的两部作品：《多彩装饰》，出版于 1869 年，并于 1885—1887 年再版；六卷本《世界服饰艺术史》，于 1888 年全部完成。

大出版商安布鲁瓦兹·弗明·迪多（1790—1876）出版了这部通俗巨著，他是法兰西学院的印刷商，也是一位杰出的希腊文化研究者，热衷于收藏手稿和珍品书籍。他继承了叔叔皮埃尔·迪多（1761—1853）创立的出版社，出版了一系列关于埃及、希腊、庞贝古城等地的考古书籍，拉西内经常翻阅这些书籍。这些书籍成为他撰写《多彩装饰》一书的主要参考资料。《多彩装饰》是一部具有实用性的汇编类书籍，展现了1845—1890年间艺术家们所关注的焦点。拉西内得到了希托夫和维奥莱特·勒-杜克等建筑师的支持，那时候彩饰法正是建筑业最重要的创新之一。

在他们看来，希腊艺术的学术复兴并不仅仅是对古典主义的模仿，而是装饰艺术的新开端。他们认为，更好地理解过去的时代，包括中世纪和文艺复兴时期，将有可能在当下获得美，这种对过去的感觉在19世纪下半叶逐渐增强。人们常常批评它的折衷主义，因为世纪之交的标志是"追求真理的雄心"，正如罗杰·马克斯1891年10月15日在他为阿尔塞纳·亚历山大的《16世纪装饰艺术史》所写的序言中说的那样，当时多色是考古创新的核心，拉西内把他的考古艺术服务于装饰艺术。雅各布·伊格纳兹·希托夫的《希腊人的彩色建筑》出版于1851年，1854年他出版了一本关于缪斯神庙和庞贝别墅的书籍，这些作品是为拿破仑三世创作的，拿破仑本人是一位迷恋古典主义的收藏家。同时，维奥利特·勒-杜克作为历史遗迹和宗教建筑的检查员，鼓励采用与拉西内列出的装饰风格非常接近的修复和装饰形式。其中一个例子是建筑师夏尔·若利-勒泰尔姆（1805—1885）为索穆尔地区的城堡设计的罗马式和哥特式装饰。

彩饰法开始应用于艺术的各个领域，尤其是在拉西内所擅长的平版印刷领域，这也是他的著作《世界服饰艺术史》中所采用的技术。这项技术让他实现了 1851 年伦敦世界并在 1862 年伦敦世界会评审团的印刷专家安布罗斯·迪多的愿望。迪多曾表示自己"从未见过比奥地利皇家印刷厂的平版印刷品更美的东西了"，并寻求一位能够达到同样标准的法国人。这项技术尤其适用于彩色手稿的复制。拉西内开始投身彩色平版印刷事业。

随着时间的推移，人们对服装通史的研究愈加频繁、广泛，时间范围逐渐延伸，直到 18 世纪晚期。1827—1829 年，卡米耶·博纳尔和保罗·梅屈里斯对教会服装和军装的研究还仅限于古典主义和中世纪时期，但 1858 年之后，学者们的学术研究开始延伸到 19 世纪早期。这种兴趣并不是法国独有的：1852 年，卡尔·贝克尔出版了一部与拉克鲁瓦相当的作品《文艺复兴时期的艺术》。雅各布·海因里希·冯赫夫纳-阿尔滕内克以艺术学家的身份，在 1859—1863 年继续了贝克尔未竟的事业；1868 年起，他成为巴伐利亚国家博物馆的馆长；1840—1854 年，他在法兰克福出版了《基督教中世纪服装》，法语译本在曼海姆出版之后，他又出版了十卷本《从中世纪早期到原始起源的服装、艺术品和市政厅》，这本书出版于 1879—1889 年间，与拉西内的《世界服饰艺术史》同期出现，随后不久（1880—1897）该书也有了法文译本。

这种历史性的努力之成果在 1851 年伦敦世界博览会中得以突

出展示。博览会期间，当注意到装饰艺术领域乏善可陈之后，一群艺术家于1858年创立了法国工业艺术进步协会，并在1864年更名为工艺美术中央联盟。受新建成的南肯辛顿博物馆（该博物馆收藏了1851年博览会的部分展品，并在1862年伦敦世界博览会期间开放）影响，1865年，中央联盟举办了一场艺术品和家具的历史展览，分为古代、中世纪、文艺复兴和"现代"（17至18世纪）几个时期，展览中有相当一部分的东方艺术。

赫特福德侯爵的东方纹章和弗明-迪多的手稿备受推崇，但纺织品几乎没有出现，服装则完全不见踪迹。中央联盟随后决定集中于单一主题举办展览，1869年的东方艺术展览取得了相当的成功。然而，战争和随之而来的骚乱中断了展览，直到1874年，联盟才组织了第四次展览，以服装历史博物馆的形式举办，这是完全符合时代精神的。古代和现代的服装都被文学和视觉艺术所吸收。从热罗姆到蒂索，从梅索尼耶到鲁瓦贝特，绘画不仅是对波德莱尔和龚古尔兄弟的文章的回应，也是对与展览同时代的作品的回应，如马拉美的《最新时尚》（1874年末）和夏尔·勃朗的《装饰和服装的艺术》（1875年）。对服装的兴趣并不局限于艺术界，普罗大众也乐在其中，对于1867年法国巴黎世界博览会展示的瑞典服装，以及巴黎和凡尔赛展出的来自皇室收藏的历史服装，他们也蜂拥而去、一睹为快。

中央联盟于1874年举办的画展得到了埃德蒙德·杜·索默拉尔、迪蒂、杜布勒男爵等收藏家，谢纳维埃侯爵和杰出画家莱昂·热罗姆的赞助，热罗姆是中央联盟的成员，同时也是古典绘画回归的倡导者。执行委员会包括戈贝林剧院的经理达塞尔、学者博纳费、法国喜剧团的舞台导演雷尼耶以及画家莱切瓦利耶、舍维尼亚尔和拉西内。这不是一个小的举动，不少于255名收藏者借出展品参加展览，有数量可观的服装、纺织品、图片和其他物品参展，目的是"尽可能完整地创造一系列奢华艺术的历史文献，并为制造商提供大量的可供研究和比较的元素"。即使在今天，人们也会为卢浮宫向展览借出的挂毯和画作的历史重要性所震惊，这些挂毯和画作在10个大展厅中展出，它们悬挂在装有许多著名收藏家提供的藏品的展柜上面，这些收藏家包括施皮策、华莱士、埃弗吕西兄弟和罗斯柴尔德家族。来自杜邦-奥贝维尔的纺织品样品、朱尔·雅克马尔的鞋子、阿尔贝·古皮的东方家具，以及菲尔曼·迪多收藏的手稿和书皮，都备受青睐。

教学方面的物品也没有被忽视。公共教育部寄来了档案馆馆长制作的印章和纪念版的印刷品。同时展出的还有厄泽在美术学院希腊服装课程中使用的古典服装图样。历史遗迹以彩色石版画的形式呈现，剧院则以舞台设计师拉科斯特收藏的历史文献中绘制的《洪水》和《狄奥多罗斯与伊斯梅拉》两部戏剧里的服装作为展示元素。策划方还建立了一个图书馆，里面有当时新近出版的关于这个主题的所有作品，并装饰有挂毯和"艺术家的证明"——朱尔·雅克马尔的服装肖像，这些肖像是根据《美术公报》上刊登的照片、纹章和珠宝制作的。

所有这些意在指明拉西内和菲尔曼·迪多的作品是这次展览的完美后续，它们是与展品形成互补的资料，充分体现了展品内在的知识。但是，尽管中央联盟对服装的各个方面都表现出浓厚的兴趣，其创始人的观点却大相径庭。1875 年 4 月，中央联盟在孚日广场建立图书馆和博物馆时，这种分歧变得愈加明显。这两个机构都对晚上离开工厂和工作室的工人免费开放。联盟的某些收藏家和管理者考虑到一个完全不同、更加精英化的目标，即建立装饰艺术博物馆。其结果是在 1877 年，在德舍纳维埃侯爵的鼓动下成立了一个平行组织：法国装饰艺术博物馆协会。这两个组织最终于 1879 年合并，成立了装饰艺术中心联盟，该联盟最终成为位于卢浮宫西翼——马桑阁的装饰艺术博物馆。协会转变为名副其实的博物馆的初衷，主要是满足富有的收藏家（新博物馆的潜在捐助者），以及当时在世界范围内出售其服装画作的许多著名画家的期望。

在 1840—1880 年间，荷兰风格的绘画与 16 世纪至 17 世纪的家具相得益彰，被许多"艺术工匠"广泛传播。这些"艺术工匠"受到拉克鲁瓦和拉西内作品的熏陶，也受到由古皮尔出版的热罗姆的制图课程以及中央联盟提供的文献的启发。他们的客户喜欢研究这些时期。他们收集了真品，从著名的巴黎制造商桑松处购买了"古代瓷器的复原品"，或者像费迪南德·罗斯柴尔德一样，委托工匠仿制 16 世纪的物品和珠宝。在欧洲和美国东海岸的豪宅里，这种原件和复制品的混合被广泛用于修理或更换房间墙面镶板，在纺织品和服装方面也有类似操作。爱上了异国情调的收藏家有时会用东方的衣服装饰土耳其沙龙。农场主为自己创造了血统，以祖先的盔甲或历史久远的长袍为特色装点门面。需要根据真品来创作的画家拥有自己的服饰收藏，因此他们更偏爱真实的服装，而非某些摄影师出售的服饰模特照片。他们的藏品（并非全部未经修改）许多就被送进了博物馆，它们通常是博物馆的原始展品和收藏起点。这样的例子包括伦敦博物馆的画家卢卡斯的服装、佛罗伦萨的斯蒂伯特的服装、意大利雷焦艾米利亚的埃斯科苏拉的服装以及巴黎的弗拉芒、鲁瓦贝特和勒卢瓦尔的服装。有些艺术家很富有，可以委托专业裁缝制作服装，这些裁缝会研究诸如拉西内的学术作品。鲁瓦贝特在绘制有弗朗斯·哈尔斯的一个场景时，就用了佛兰德斯工匠亨利·克洛滕斯为他制作的合适的服装和鞋子。巴黎国立高等美术学院周围的街道上开设有专门销售不同年代服装的商店，为画家和剧院道具组服务。可以说，这些商店销售的服装某种程度上再现了拉西内书中的图样。

在那个上流社会热衷举办盛装舞会的时代，对于服装设计师来说，拉西内就是一座信息宝库。让·菲利普·沃思是当时最著名的时装设计师之一，他从拉西内的插画中找到灵感，从而设计出时尚而梦幻的晚装。

拉西内的《世界服饰艺术史》原书有六卷，内容上可分为两大部分：一部分是 473 幅彩色图版（拉西内将其按 1—500 编号）；另一部分是对插图的注释，对所绘服装、珠宝以及军事装备等做了详细的说明。浩繁的卷帙、冗长的文字，加之拉西内所用词汇语句有些因为时间久远而难于理解，所以为使读者更容易了解它的内容，此次再版，在拉西内原作六卷本的基础上，对内容进行了提炼，便于读者阅读。

目录

CHAPTER
THREE

5 至 19 世纪的欧洲

CHAPTER
FOUR

19 世纪末的传统服饰

CHAPTER
ONE

第一章

古代世界

1 古埃及、亚述、希伯来、古代亚洲部分地区

　　古埃及人把人类分为四个族群：埃及人（最卓越的人种）、黑人、亚洲人，还有肤色白皙的北方人。古埃及人在各方面都与现在的努比亚居民相似，大多数人显得又高又瘦。他们有宽阔有力的肩膀，健硕的胸肌，发达的手臂以及纤细的手。臀部偏窄，腿瘦长结实；双脚修长而又纤细，由于赤足行走而变得扁平。前额微陷、鼻子短而圆、眼睛大而且距宽；他们双颊平坦，嘴唇厚实但不突起。

　　古埃及的国王有时候会亲自指挥远征，在卫兵和高级军官的护卫下，国王登上战车向敌人射箭，或用战斧攻击敌人。图1中，拉美西斯大帝头戴一顶用金属或贵重材料制成的头盔，身穿由青铜片制成的长款护甲，这些青铜片如同鳞片一样缝制在皮革上。在古埃及壁画作品中曾出现两人乘坐战车的场景（图2）：通常是一个勇猛的武士，持举他的弓、标枪和战斧，另一个类似部下的人负责拉住缰绳，并用盾牌保护他们两人。伴随战车前进的士兵用随身携带的盾牌护住腰部以上的躯体，右手持长矛，左手握短斧。他们身穿白色长衣腰系束带，其末端自然下垂。

　　古埃及人会编织假发，用散沫花染剂涂饰皮肤。他们穿棉、亚麻和羊毛等材质的服装，还有透明的平纹细纱；佩戴几层同心的项链和用作平衡物的门纳特项链，戴民族头饰克拉弗，还有紧绷的帽子；也会将羽毛用在服装和头饰上。（图3、5）

　　古埃及人的房屋设计已经非常精美（图9）。家具的选材有普

通或稀有的异国木料，以及经过镀金和切割的金属。木料上镶嵌着象牙和乌木。凳子和扶手椅经过繁复的装饰，用精细的素色织物、锦缎、经过刺绣或彩绘的亚麻、棉布以及丝绸精心包裹（图4）。在古代，花瓶是家具中最漂亮、最雅致的装饰物。人们用雪花石膏、玻璃或半宝石制成各式各样的花瓶。其他装饰物品和陈设器具（图6、7）种类样式繁多。

亚洲文明诞生于底格里斯河和幼发拉底河沿岸，兴盛于亚述帝国和巴比伦帝国，这两个帝国的疆域范围似乎比埃及帝国更广。亚述人以自己黑色的头发和胡须为傲，会用香料为胡须和头发增香，并用金线编织或用金粉涂抹。不巧的是，他们的雕塑没能展示亚述社会中的各个阶层（图10、11、12）。

希伯来人的祭司制度，其建立可以追溯到摩西身上，只有他可以引入众多的埃及元素。我们知道，摩西从利未部族中选出了圣殿仆人。他把这个部族的孩子分成两个等级：祭司和平民。通常，祭司的服装包括四件物品（图13）：马裤、束腰外衣、皮带和高顶帽。另外，大祭司配有一件紫色的无袖短袍，还有一件较短的亚麻材质的缀以紫色、紫罗兰色、深红色和金色织线的圣袍以弗得。大祭司在以弗得的外面还要佩戴罩胸牌。

拉丁诗人把古亚洲的居民称为帕提亚人、波斯人和米底亚人，不过显然未加区别；对他们而言，这些部族似乎已经形成了一个整体。事实上，古代亚洲居民可以分为波斯人、帕提亚人、亚美尼亚人、希伯来人、弗里吉亚人，等等。（图14）

图 1　古埃及拉美西斯大帝统治时期的军装。

图 2　埃及人及其他族群的军装、战车和武器装备。

图 3　古埃及平民的服饰及各类头饰。

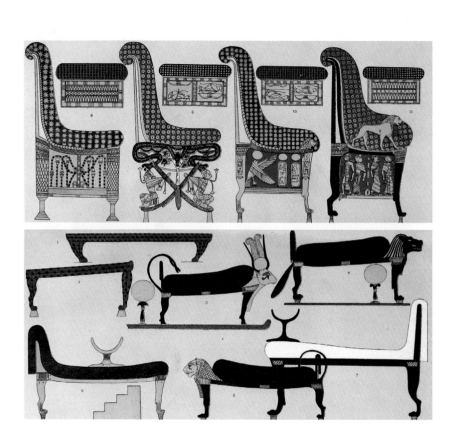

图 4　古埃及的家具。

图 5　古埃及祭司和皇室的精美服饰及头饰。

图6 古埃及器具和家用物品（上），演奏竖琴的乐师（下）。

图 7　古埃及生活和祭礼用具。

图 8 古埃及的轿子和船只。

图9　约公元前14世纪，古埃及私人住宅的内部庭院。

图 10 亚述宫廷服饰和军装、军事武器。

图 11

图 11、图 12　亚述国王、王后、贵族、士兵等的庆典和狩猎服饰。

图 12

图 13　希伯来祭司服饰。

图 14　古代亚洲居民的服饰与头饰。

2 古希腊、古罗马、伊特鲁利亚

研究古希腊军装的困难之一是古希腊瓶画几乎只展示神灵和英雄，没有关于战士服装的一般特征的体现。但在瓶画中，仍然可以看到战士配备的一些武器装备，其中防御装备（图15、16）包括头盔、胸甲、剑带、肩带、杀虫剂或油膏、膝甲、踵甲（在穿戴足甲和马刺的骑兵中使用）、护胸盾牌和短斗篷；作战装备包括棍棒、长矛、长剑或短剑、装在皮带上的匕首或刀、哈培剑（剑身带有突出的钩形刃）、斧头和狼牙棒、弓箭、标枪、使用铅弹丸的弹弓和盾牌(图25)。古希腊军队可能在很长一段时间内一直使用青铜武器。

在日常生活中，古希腊人穿着披风或轻便的短斗篷（图17）。这种斗篷通常不经过剪裁、缝合，只是一块矩形面料用披挂、缠绕的方式辅以别针、束带穿着，可分为"披挂式"和"缠绕式"。"披挂式"需要借助别针将矩形布料在身体的肩部、胸部和腰部等关键部位固定。古希腊人选用亚麻或者羊毛织物的布料。古希腊诗人荷马所描述的神灵和英雄所穿的大披肩，是长方形的，由羊毛制成，用胸针固定在脖子或肩膀处。

古希腊女性每天都会沐浴，这是古代世界中最适合她们的卫生方式。她们还用浓稠的液体香水、发油和油脂涂抹全身（图18）。希腊妇女对头发的修饰花样繁多（图21）（男人剪短头发，女人留长头发）。轻薄或华丽的织物，各种颜色的发带、黄金、宝石、鲜花和香水都被用于装饰头发。古希腊女性喜欢卷发和染发，还会佩戴假发。

古希腊女性穿的衣服（图19、20）不像我们现在所穿的服饰一样可以从前面打开，也没有像衬裙一样可以覆盖身体下部的单独的衣服。固定在胸前的小套裙作为第二件束腰外衣的替代品很晚才开始流行。古希腊女性穿在里层的第一件服装是内袍，会紧挨着皮肤。内袍分为几种：爱奥尼亚带袖长袍，从肩部到两臂用别针固定多处，系腰带；多利亚长袍，没有袖子，造型简单，长至膝部。内袍的外面还会增加外衣，外衣分为：几乎把全身缠裹起来的；固定在一侧肩上能把大部分身体包起来的；类似小斗篷披挂在双肩上的。

古希腊人十分注重晚餐（图23）。用餐的桌子很长，是用光滑的木头做的。肉食一般直接用手拿取食用。晚餐总共上三轮菜：第一轮是蔬菜、牡蛎、煮蛋、酒和蜂蜜制成的流食，第二轮包括家禽、野味和鱼类，最后一轮是糕点、糖果和水果。

古罗马人的服装（图37）看起来庄重而严肃，他们注重服装的象征意义，这种令人印象深刻的感受是由托加长袍华丽的褶皱所赋予的。古罗马人是最早利用服装表征人物社会阶级地位的族群。托加长袍是罗马人的主要外衣。没有任何装饰的白色长袍是罗马公民的服装；带有紫色边饰的是官员的制服；有着金线刺绣且布料华丽的紫色长袍是凯旋的将军和皇帝的服饰。古罗马女性所穿的"帕拉"同样具有庄重感，是礼仪性的外衣服饰。她们还会穿着宽大的束腰外衣和斗篷，已婚妇女会佩戴宽大的面纱。罗马人有佩戴护身符的习惯（图39），通常是用来防病和辟邪的图像、雕像或物品。他们极为笃信护身符的魔力，会把制作护身符所用的石头或金属放进装饰性的物品里，例如项链、头饰和戒指。

　　罗马人佩戴的项链要么是由金线编织而成，要么是由多颗琥珀、石榴石或绿宝石珠子串成，还可以由小珍珠、彩色玻璃或珐琅制成。在项链中心通常有一个压印或雕刻着不同图案的吊坠：花卉、动物、圣甲虫，或者是一枚金印。戒指无论是作为装饰品还是图章，其出现都可以追溯到上古时代。在古罗马，只有元老院议员和骑士才能戴金戒指。纯金制作的戒指很重，通常戴在左手无名指上。后来随着奢侈之风在罗马社会蔓延开来，女性也开始佩戴。罗马人在制作中会使用从东方学来的凹雕和浮雕技艺。人们通常认为，因其镶嵌的石头或是独特的制作方式，戒指往往具有神奇的魔力（图29）。

　　鞋子有两个制作原则（图44）：保护脚和可加固。古老的凉鞋就具备了这两大功能，是希腊人和罗马人最常穿着的鞋子。凉鞋一侧的一部分是穿孔的，方便人系紧脚背上交叉的鞋带。

　　罗马人的住所（图43）外观看上去千篇一律，只能根据房间数量和分布区域对这些建筑加以区分。

　　浴室是罗马人从希腊人那里继承下来的设施（图42）。在有钱人的家里，内宅都有自己的浴室。在公共浴室和私人浴室中，男女分开沐浴。浴室通常位于私人住宅最偏僻的地方。浴室包括一系列房间，温水澡、蒸汽浴和热水澡分别在不同的房间，冷水澡可以在室内或室外任意选择。古罗马人通常在晚饭前洗澡。

　　几乎所有的古代历史学家都认为伊特鲁利亚文明起源于亚洲。托斯卡纳现存的伊特鲁利亚人的遗迹，包括绘画、雕塑、花瓶、家具、珠宝和各种工具等。

图 15　古希腊战士的军装和武器。

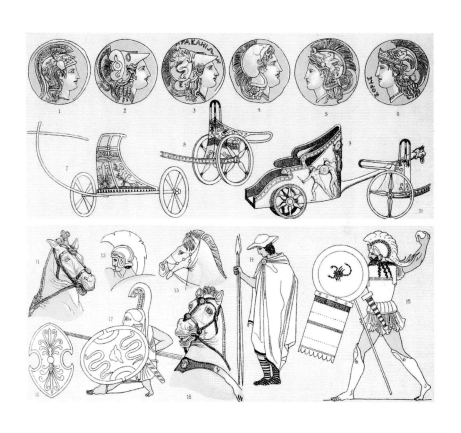

图 16 古希腊军装、战车和装甲马。

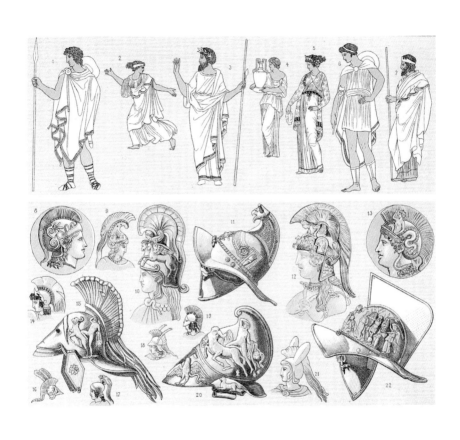

图 17　古希腊人的日常服饰和各式头盔。

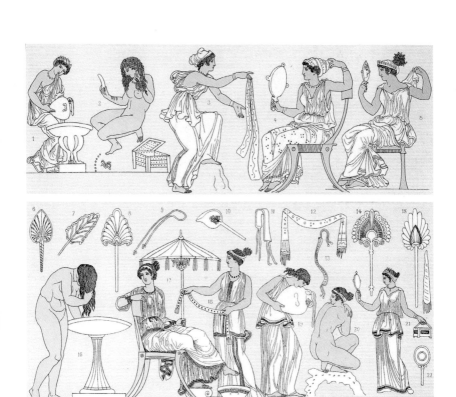

图 18　古希腊女性沐浴前后的服饰装扮及沐浴用品。

图 19

图 19、图 20　古希腊女性服饰。

图 20

027

图 21　古希腊女性和年轻男性的发型。

图 22　古希腊的乐器和乐师。

图 23　古希腊进餐和宴会用的家具和餐具。

图 24　古希腊塔纳格拉女性的服饰。

图 25　古希腊军装和武器装备。

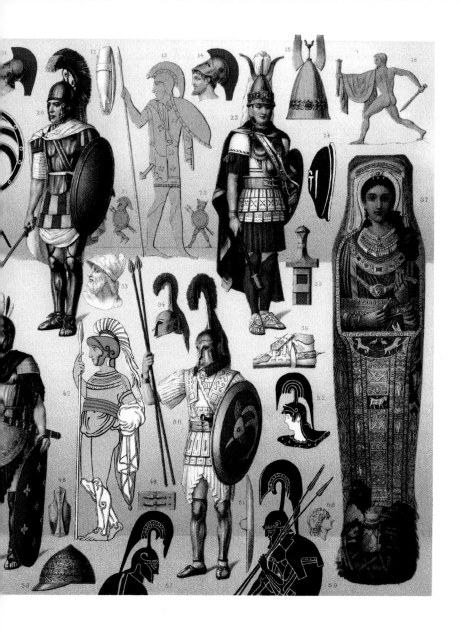

图26 公元前5世纪，古希腊雅典富人的住宅。

图 27　伊特鲁利亚人的军装、武器和战车。

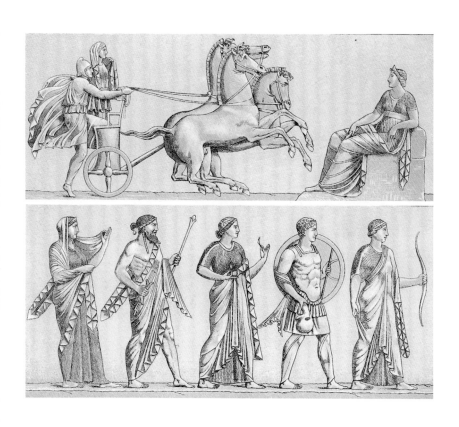

图 28　古罗马人使用的轻型四马双轮战车（上）。
　　　　古罗马人的服饰和发髻（下）。

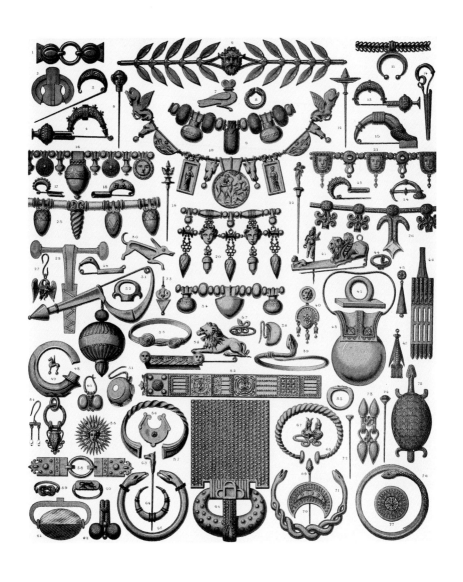

图 29 古罗马人佩戴的贵重金属饰品、珠宝首饰。

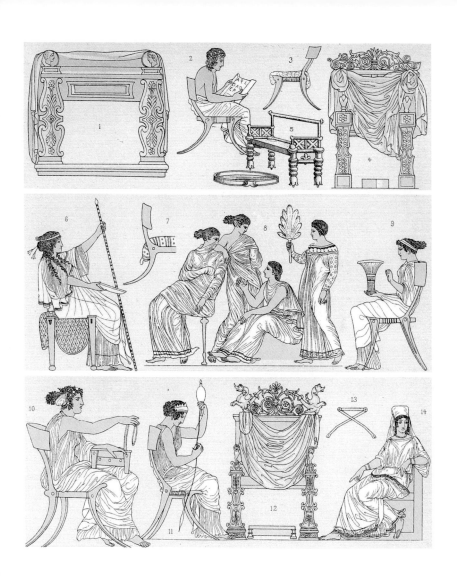

图 30　古罗马各式座椅。

图 31　古希腊风格的庞贝房屋。

图 32　古罗马军装。

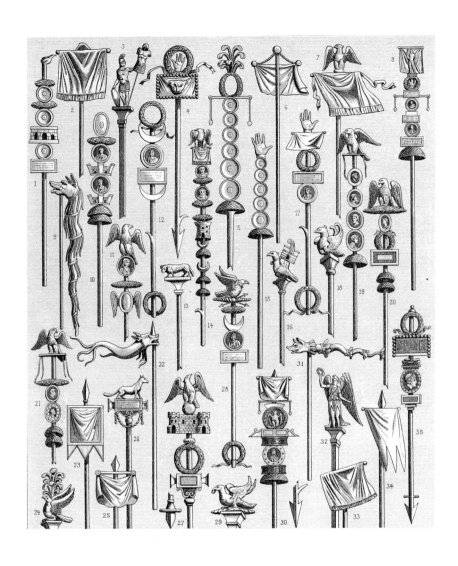

图 33　古罗马的军徽和军旗。

图 34
古罗马的军
装和武器。

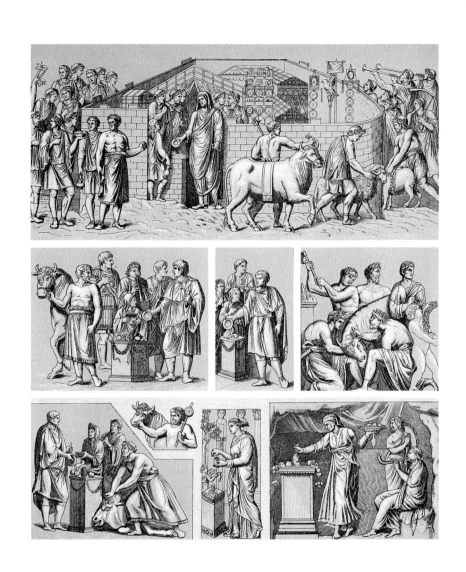

图 35　古罗马的宗教祭祀仪式。

图 36　古罗马的祭祀工具。

图 37　古罗马帝国时期的平民服饰。

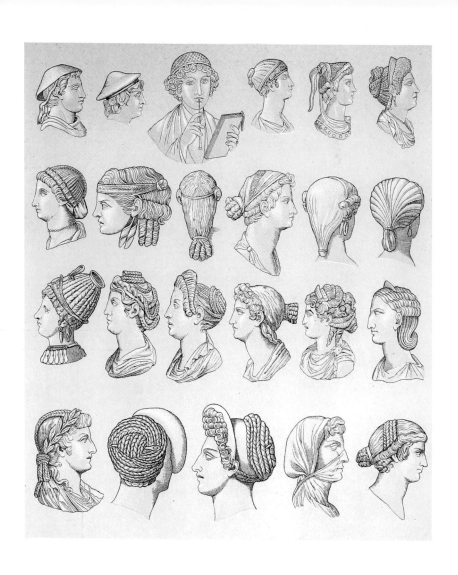

图 38　古罗马人的发型、假发和帽子。

047

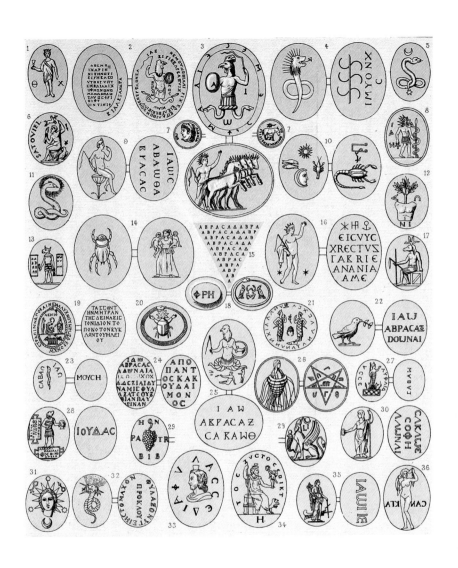

图 39 古罗马人的护身符。

图 40　古罗马的乐器。

图 41　古罗马的家具和家居用品。

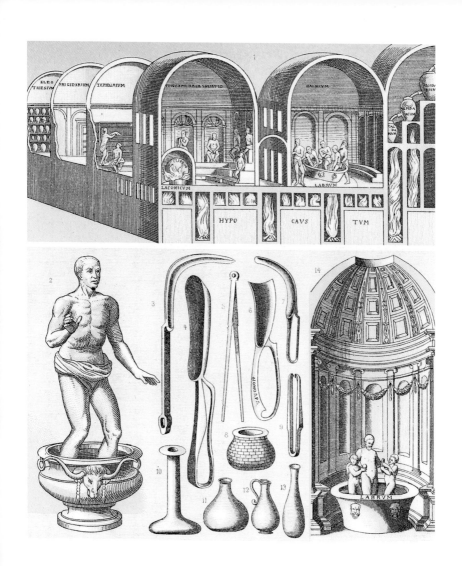

图 42　古罗马的浴室和脱毛用的工具等器具。

图 43　古罗马宫殿内部。

3 欧洲的蛮族地区

图 46 中出现的人物并非同时代的人。其中，手持青铜武器的战士与摧毁罗马帝国的民族同宗同源。诸如凯尔特人、高卢人、日耳曼人或条顿人、斯拉夫人或萨尔马提亚人、斯基泰人、芬兰人和鞑靼人，大都起源于亚洲，当他们于公元 4 至 5 世纪入侵欧洲北方时，被称作西哥特人、苏维安人、阿兰人、汪达尔人、勃艮第人、法兰克人、匈奴人、赫鲁利人和鲁吉安人。

其余的人则属于一个被称为克罗马农人的族群，他们在第四纪时期就已集中生活在欧洲了。将历史划分为石器、青铜和铁器时代实际并不准确，因为尽管世界上几乎每个国家都有使用石头制造武器和工具的遗迹，但这些遗迹并不从属于同一时代。目前，对史前时期的研究，成果最丰富的国家是北欧的丹麦和瑞典，在此发现的最古老的石器都是未经打磨的。

石器时代的斯堪的纳维亚人不仅用石头制造出生活中必不可少的工具，还发掘了石头的装饰功能。在波罗的海沿岸，当地人用琥珀来制造饰品。斯堪的纳维亚人在石器时代就已懂得用架在火上的锅烹煮食物。

人们对金属——青铜和黄金的使用标志着文明的进步。刀、锯、锥子、斧头等很多工具都是由青铜制造，当时最常见的工具是一种叫作"塞尔特"的斧（或凿）。相比于羊毛制品，青铜时代的人们更多的是使用皮制品制作服装。人们先用刀在皮制品上裁出衣服所需零件的外形以及细带；用锥子打孔，再用钳子将细带穿过孔洞连接衣服的各个零部件，从而制成整件衣服。北方人会以在岩石上雕刻或者绘画的方式记录重要的事件。

斯堪的纳维亚半岛古代图形字符的出现与铁器时代的发端相吻合，在这一时期，这里的居民还获得了关于玻璃、象牙、银、铅和锌铜合金的知识；他们掌握了铸造硬币、焊接和镀金的工艺。在铁器时代，衣服大部分是羊毛做的。衣服包括束腰长袍、束腰马裤和边缘缀有流苏的羊毛斗篷。青铜时代早期的装饰图案多为优雅的螺旋形和锯齿形的线，这在王冠上可以看到（图47的36号）。然而到了青铜时代中期，人们不再使用冲压螺纹，只在圆环、刀柄等处使用螺旋状的形状或纹饰（图47的17号、26号和29号等）。在瑞典发现的许多纪念碑、硬币、武器、青铜或玻璃器皿、艺术品等多来自罗马的作坊（图49），可见从公元一世纪开始，斯堪的纳维亚人就与罗马人保持着密切的联系并延续了几个世纪。这一时期，这里的人们一般用普通的木盘子盛放食物，每个人的腰带上挂着切割食物的刀；勺子则是用木头、兽角或骨头做的。尽管发现了由玻璃或青铜制成的水杯，但却没有发现可追溯到异教时代的银汤匙，这些物品最早也是由罗马人制作的。在维京时代，作为饮用器皿的水瓶远比兽角杯更常见。

高卢人是盖尔人和威尔士人亚支的后裔，在公元前最后的两三个世纪里，高卢人一直处于军事的颓败时期。高卢人注重个体独立性，难以遵守纪律。恺撒指出："在高卢的每个城市、每个城镇和每个乡村都有派系，几乎每个家庭也都有派系。"恺撒把

高卢分成三部分：贝尔格人生活区域；阿基坦人生活区域；自称为凯尔特的族群生活区域。古罗马人统称他们为高卢人。（图52）

　　高卢男性常见服饰包括单色的细纺毛呢，束腰罩衫，长马裤和一种叫作巴多库勒斯的连帽斗篷。衣服上有时会饰以条纹。鞋靴可分为带帮和系带两种样式，帽子一般是毛皮制作的弗里吉亚式无檐帽。在日常生活中，男士的头发大多披散，也有将头发扎起的时候，此时发带会在一侧形成一个结。

　　高卢女子的服饰，主要有束腰外衣，带袖子的罩衫，长短不一的下裙、围裙、斗篷或是披肩。下身穿着不同长度的裙装、围裙；披斗篷或大披肩。头发披散着或编成伞状花序的形状，包裹在卷起的头巾中。头饰包括发网、发带、冠饰。她们会给头发撒粉，脸颊涂胭脂，眉毛上色，妆容非常精致。

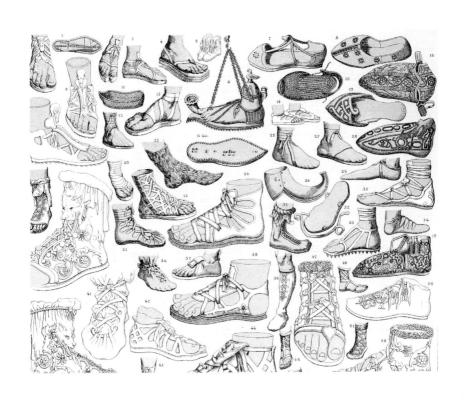

图 44 古罗马人穿着的鞋子。

图 45 斯堪的纳维亚的武器、工具、器具、服装。

图 46　欧洲蛮族的服饰与武器。

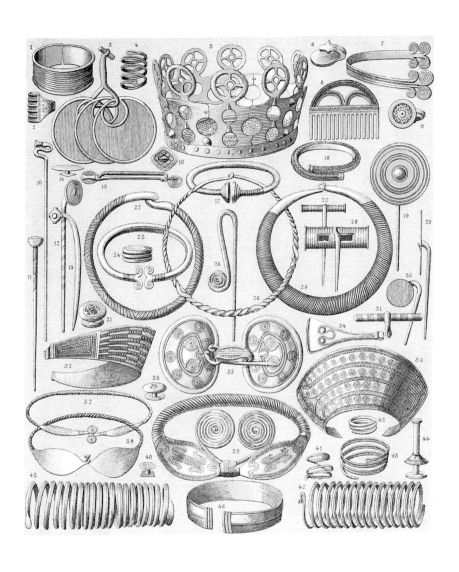

图 47　斯堪的纳维亚的装饰品。

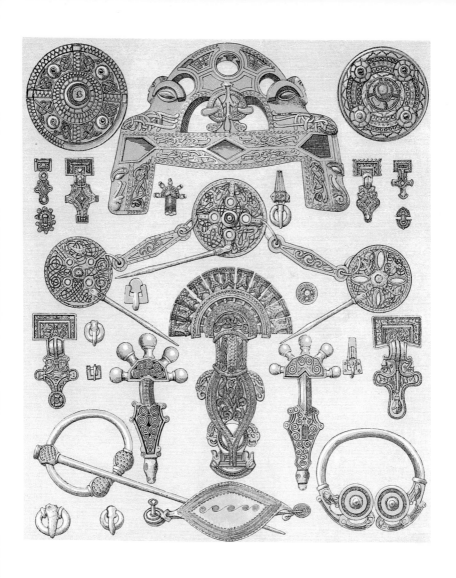

图 48　斯堪的纳维亚的普通用具。

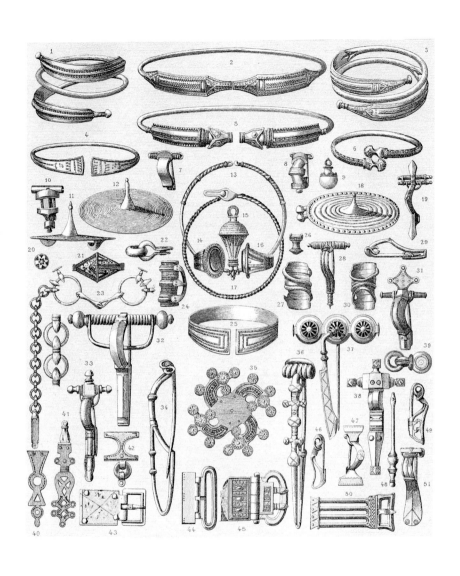

图 49 斯堪的纳维亚的装饰品等。

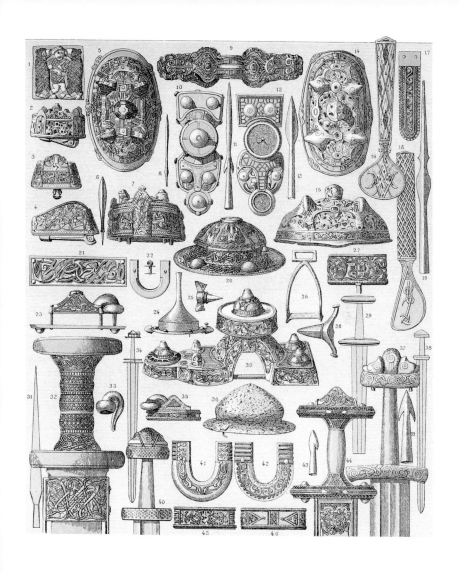

图 50　斯堪的纳维亚铁器时代的武器、装饰物和器具。

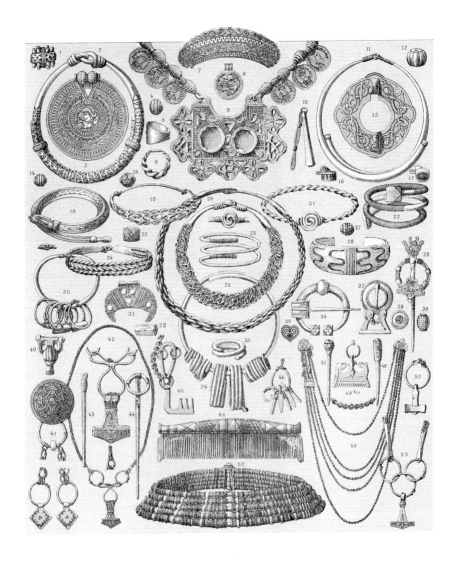

图 51　斯堪的纳维亚铁器时代的装饰品和各种器物。

图 52
全副武装的
高卢士兵。

图 53　被古罗马征服的不列颠人。

图 54　高卢人佩戴的贵金属饰品和珠宝等装饰物。

CHAPTER
TWO

第二章

19 世纪以前
欧洲以外的地区

1 大洋洲

　　生活在南太平洋星罗棋布的岛屿上的居民呈现出人类生存的三种原始模式。阿尔弗鲁斯人多住在山林中，以狩猎和捕捞河鱼为生。巴布亚人以捕捞海鱼为生，他们已经成为非常精明的航海家。澳大利亚人是一个流浪的民族，他们生活在广阔的平原上，依靠狩猎、捕鱼以及巧合得来的食物为生。岛上居民已经可以自己制作工具，通常取材于木材、石头、鱼骨和锋利的石头。

　　巴布亚人的许多分支之间几乎没有联系。太平洋的主要岛屿相对孤立，岛上的居民极少与外界联系，处于一种原始的状态。他们中的一些人皮肤是棕褐色的，有些人皮肤比埃塞俄比亚人更黑。他们的头发很黑，既不直也不卷曲，而是毛茸茸的，相当细。一般来说，他们近乎裸体状态，只会在双腿之间穿一条紧腰带，上面带着一块类似小围裙的腰布，波利尼西亚人称其为"马罗"，这是他们对庄重的全部敬意。

　　新喀里多尼亚岛上的卡纳克人有两个种族，一种肤色为深蓝色，另一种是巧克力色。他们比大多数波利尼西亚人都黑。他们所穿衣物的材料源自树皮，通常用带子将布扎在腰间（图55的3号）。卡纳克人能够制作出衬衫和裤子，但不经常穿着，他们更喜欢用羊毛毯来表现身份。他们住在用茅草建造的蜂巢状小屋里。同一个部落的女人住在一起。如果她们已婚的话，会戴一条项链，这是判别她们结婚与否的唯一标志。她们会剃光头，腰部系着用芦苇、干草或棕榈纤维制成的草裙，在地里干活时会抽着烟斗。男人们昂首挺胸、头发梳理得很整齐，他们敏捷而且有力量，喜欢投掷。部族中分为酋长、巫师（巫医）、臣民等阶层。其部落庆典很有特色，场面看起来仿佛一场战争。参与庆典的人员穿着代表其个性的服饰，戴上作战用的面具，看起来很高大。庆祝活动开始时，这些打扮得像鬼怪一般的人开始大唱大跳，公开表示敌意与挑衅，这其中保留着部族古老的习俗。他们手持弹弓、短木战斧，其中酋长的战斧上镶嵌有一颗抛光的翡翠，还有图 55 中 18 号的形似猛禽头部的锤形兵器。酋长的另一个标志是左手小指上佩戴指环。人们用染成红色的吸血蝙蝠或狐蝠的皮毛制作出穗带或穗饰，这些穗带制品具有经济价值，可用于物品的交换。斧子是他们最常用的工具；远征时还会带上水壶和食物袋。

维提群岛由 220 个岛屿组成，居住着精力充沛、体格健壮的民族。他们天资聪慧，鼻子通常是天然的鹰钩鼻。注重身体的清洁，每天都要洗几次澡。他们用植物制成的染料将头发染红，还会把头发盘成球形。他们会在头顶上放一把带有鹦鹉羽毛装饰的梳子。他们穿着树皮材质的围裙，佩戴用贝壳、动物牙齿制作的项链，使用棍棒和带刺长矛等武器。（图 55 的 12 号）

新喀里多尼亚西北部，大约由 21 个岛屿组成。这里的酋长和族人并不好客，他们配备了大量的步枪、长矛等武器。当外族人想与他们接触时，必须配备精良的武器，时刻处于防御的状态。他们会带一张白色的面具，以遮盖真实的面貌；面具上部相当于人的上半张脸，下部则缀满胡须般的编织物。他们的脖子上会佩

戴一个由灯芯草编织的装饰物，其中间有三枚牙雕的吊坠。（图55的19号）

所罗门群岛的阿罗西人会在鼻子上戴金属环。他们的前额戴有装饰；项饰通常由人类的牙齿制作而成，腰带和手镯通常以贝壳为原材料。贝壳经过穿孔和抛光处理，可以充当装饰物，也可以当作货币使用。他们的衣服同样由植物纤维制成；武器通常有弓、标枪、棍棒、毒镖。（图55的5号和9号）

阿德默勒尔蒂群岛上的土著人皮肤黝黑，拥有较好的外貌。他们的头发卷曲，通常染成红色、白色或黄色；脸上有彩绘，看起来像戴白色或红色面具；胸部和肩膀上有文身；额头、鼻子和耳朵上戴有装饰物。他们使用带有公鸡羽毛的梳子，佩戴贝壳项链和手镯，穿着加工精良的植物纤维裙装；使用弓、弹弓、棍棒等武器。（图55的11号）

巴布亚新几内亚和邻近岛屿的人，头发未经染色，头戴梳子和一簇羽毛，脖子上佩戴有人形护身符，手上所戴的手镯材质多样。他们使用的军刀，既用作武器又用作工具；使用韧性极好的弓以及头部带刺的箭支；使用的盾牌上装饰着人的头发。巴布亚人则将头发染成黄褐色，再扑上白粉，戴着羽毛做成的王冠和倾斜的头巾，脸部涂为红色，鼻子和耳朵上穿有细棍，佩戴流苏腰带、牙齿项链和大贝壳项链。他们使用石制战斧，矛的带刺的前端是由骨头磨制而成。轻型箭也可以用来锤击猎物。巴布亚人使用羊毛制作衣服。（图55的1号和17号）

澳大利亚的土地相对贫瘠，土著人以家庭为单位进行游牧。

牲畜一般由女人管理。他们的房屋建造极其简便。长时间的内陆迁徙，使得澳大利亚的土著逐渐淡忘了祖先的文字。一个小男孩要成长为一名男子汉，要经受多次洗礼，以具备男子气概。文身是部落里的战士所必需的。他们会用骨头或芦苇穿过鼻中隔，把身体涂成红白相间的颜色，并经常涂抹油脂；幼年时会被拔下一颗门牙。他们身穿袋鼠皮做成的短斗篷，用硬木制作光滑但有钩的长矛，使用标枪和弹弓，用木头或树皮制作盾牌，用打磨后的石头制成斧子。他们用一个小小的网袋，装入体彩绘用的涂料和钻木取火时用到的干燥木材火绒。（图55的8号和10号）

马克萨斯岛的土著身材魁梧，精力充沛。他们从头到脚都有文身，图案复杂精美。头戴公鸡羽毛制成的大头饰；脸颊的两侧各有一个白色的饰物；穿戴的颈甲、脚环和手镯等，通常使用战俘的头发制作而成。编织细密的长柄草扇是首领的标志。（图55的2号）

比努阿人生活在丛林深处，只有木制武器。他们会使用带有很小的毒镖的吹管、长矛、剑和盾牌。短的吹管上有羽毛装饰，以方便瞄准。他们穿戴围裙和头盔，还会穿着宽大的带绑绳的护膝，尤其是需要设伏等待猎物的猎人。

婆罗洲最文明的部落是同属达雅克人的比阿居部族。该部族的妇女穿棉制服装，戴草编头饰。平原地区的达雅克人和沿海地区以捕鱼为生的达雅克人有着不同的肤色，他们相互厌恶，彼此充满敌意，各自有防守坚固的村庄。他们将房子建在高高的木桩上，通过可移动的梯子进入房屋。

婆罗洲土著人身穿由几块金属片制成的紧身胸甲，用封闭的编织盒装吹管镖，用虎爪或豹爪制作项链和手镯，将芦苇编成头盔。婆罗洲马来人戴的帽子像底朝上的洗手盆，他们身穿裁剪得体的长袍，扎宽大的腰带，使用的短剑和长矛的刃身呈波浪状。马来群岛的居民大多鼻形塌扁。他们由于长期咀嚼槟榔，牙齿发黑。卡罗琳群岛的居民有着巨大的耳朵，他们不断地扩大耳垂上的耳洞，甚至能使耳垂接近肩膀。这里的贵族和女人会把皮肤染成黄色，这样的肤色被认为是美丽的，主要的染料有海娜花和姜。

　　爪哇岛的女子吃一种用深色泥土制成的食物，以防止变胖。这里的男女老少普遍食用槟榔。首领会把自己咀嚼过的槟榔给下属，以示仁慈。爱人之间会交换槟榔，以示相许。爪哇人的裤子十分宽大，与古印度、古波斯地区相似。

　　摩鹿加群岛上的东帝汶女性通过着装显示自己的身份。她们的衣服用鲜艳的棉布或金线编织的丝绸制成。

　　菲律宾等地的土著人所穿着的盔甲，实际上是由植物纤维制成的。士兵使用长矛作战时，会身着一种功效很强的背甲。

　　苏拉威西岛上的人用丝、棉制作服装，有的民族习惯在头部和腰部缠绕长巾。有的民族信仰基督教，他们会在礼拜日穿上隆重的服装：男人胸前的绶带呈现十字交叉的样式，女人头上则戴着巨大的十字架饰物。此地的人们虽然衣着近似欧洲，但仍然保持赤脚的习惯。（图 58）

图 55
大洋洲的黑
色人种。

077

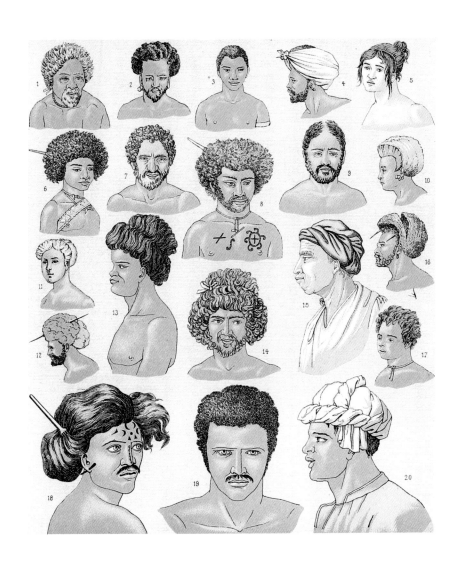

图56　巴布亚新几内亚和邻近岛屿居民的头饰。

图 57

图 58

图 57、图 58、图 59　马来群岛、密克罗尼西亚、美拉尼西亚和波利尼西亚原住民的服饰、
武器、器物和文身。

图 59

2 非洲

黑色人种占非洲人口的大多数。当地人被划分为几个族群：几内亚人、塞内冈比亚人、苏丹人、阿比西尼亚人、阿班图斯或称卡菲尔人。

在海岸边居住的几内亚人比较好战，其圆柱形的头饰上点缀着红色的羊毛和白色的贝壳，顶部有羽毛。其他饰品有贝壳制成的项链；装有护身符的戴于胸前的皮袋；动物皮毛制成的围裙。他们已经开始使用火枪和铁质的兵器。（图60的20号）

塞内冈比亚人包括沃洛夫人、曼丁卡人和富拉赫人。沃洛夫人生活的地方接近赤道，因此肤色更加的黝黑。曼丁卡人的头发比其他黑人的短而且少。富拉赫人生活在塞内加尔河上游，他们强壮、勇敢、好战，有着古铜色的肤色。

沃洛夫人的服装是用几内亚棉制作而成。他们戴着宽边圆柱形的帽饰，还有宽大的束腰外衣和马裤。为方便行走、狩猎和战斗，沃洛夫人有卷起并系上衣服的习惯（图60的3号）。颇尔人、富拉人、富尔贝人、富拉尼人等以放牧为生。他们擅于制作皮革制品和草编制品，技艺十分精湛。

加蓬地区生活着姆庞圭人、贝卡勒人和帕豪英人等族群，其中帕豪英人在资源和产业方面比其他种族优越。姆庞圭妇女的服饰主要包括三角形披肩，一整块布制作的裙袍，马裤，皮绳与各色物品组合而成的项链。另外还有耳环、手环、臂环、脚环，其

中脚环通常佩戴多只，累积成胫套的样子。她们的手上和大脚趾上戴有戒指。（图 60 的 1 号、6 号、8 号、14 号）

贝卡勒人的腰带上缠绕着珠串，并缀有红色绒线、各色珠子、铃铛等物。这里的人习惯将项链从脖子的一侧斜戴至另一侧的腋下，形成交叉斜戴的样式。（图 60 的 21 号）

廷巴克图的大多数居民是黑种人（图 62）。他们有摩尔人和阿拉伯人的血统，穿着的服装具有地中海非洲城镇居民的某些特征。廷巴克图的女人不会被侵犯，享有极大的自由，她们穿袖子很宽松的衣服，佩戴头巾。男人穿着马甲和夹克。在塞内加尔，人们可以看到白人（柏柏尔人和阿拉伯人）和黑人（颇尔人、马林凯人和沃洛夫人），黑人是本地的土著。这个地区常用的武器是长矛，它的矛尖可以有多种样式。

努比亚是古埃及的黄金之地，是尼罗河从北到南流经的东非地区。努比亚人是技艺高超且勇敢的猎人。他们买卖金粉、象牙、鸵鸟羽毛、橡胶、草药、香膏和熏香。努比亚人身材苗条、肌肉发达，眼睛炯炯有神，牙齿洁白，头发浓密，胡须稀疏。他们的服饰很简单：一条白布马裤和一条红色镶边的白羊毛布。他们还会在腰带上别一把弯曲的匕首。图 61 表现的是 1877 年在巴黎动植物驯化园中展演的努比亚人和其帐篷等物品。

希卢克人主要以种植业和畜牧业为生。像大多数非洲人一样，希卢克人衣着简单，用一层木灰或牛的粪尿的混合物来保护身体。他们戴着插有羽毛的头盔，或把头发梳成扇形，用黏土或胶水等定型。项链是由贝壳或是象牙碎片制成的；衣服则是用美洲豹皮做的。

希尔人居住在白尼罗河。他们会将头发编成若干股辫子，并戴棉质的帽子；衣饰包括腰带、项链和手镯。他们能使用标枪猎杀大象。

尼亚姆人生活在苏丹东部，他们名字的意思是"大食者"，应是指他们同类相食的这一行为。他们牙齿尖利，头发呈卷曲状或扎成多股辫子，且大多文身。帽子分为无檐和羽饰高顶两种。他们会佩戴由动物牙齿制成的装饰品，唯一的服装是挂在腰带上的腰布，男人的遮阴布会在身后出现一个扇形的尾状物。武器有标枪、带刺的长矛以及多头弯刃军刀。巴齐人或称巴里人，同样居住在白尼罗河流域。这里的男人全身赤裸，留着与希卢克人或尼亚姆人相似的发型。女人们所穿的腰布做工考究，上面装饰着贝壳和玻璃珠子。他们的武器有长盾牌、长矛和弓箭，箭镞上带有钩刺。

尼罗河上游的伯塔人是独立的黑种人，仅穿一条兽皮制成的裙装。他们用于狩猎和作战的武器相对简单，仅有标枪、剑、短棍、战斧以及大型盾牌（图60的12号、13号）。他们佩戴不带扣的铁质项链，摘取十分不易。（图60的11号）

盖拉人是游牧狩猎部族，分为不同族群，由一个酋长统治部落。他们有熟练锻造铁器的技艺，拥有非凡的武器。他们的穿着服饰比伯塔人复杂一些；头发处于自然状态或编成长辫，还会涂上一层厚厚的油脂。他们在前额文身，并配有头带，偶尔会佩戴银耳环。豹皮头带是首领的标志。他们的武器有长矛、弓箭、直剑、长棍、屠刀和盾牌；饰物有贝壳项链、铁质项链，还有以数量代表杀敌人数的臂环。（图 60 的 10 号、16 号、17 号、18 号）

非洲南部的卡菲尔人相对比较俊美，有着黑色的羊毛般的头发。他们十分重视自身的妆容修饰，男女都会穿耳洞，还会在身上涂抹油脂。一些当地人不留头顶部的头发。他们佩戴的手链是用羊肠线、树皮、长牙等制作的。文身是他们重要的装饰手段。

巴苏陀人是卡菲尔人的一支，以农牧业为生，虽有着古代武士的血统，但早已进入农耕时代。他们会将战场上的杀敌数目刻在大腿上，以便永久铭记。他们通常穿着皮斗篷、皮围裙、护胫套、便鞋和无檐皮帽等；头上戴一束羚羊毛作为装饰，饰领是青铜做的，带有古典时期的风格。他们在放牧或狩猎时经常全副武装，携带盾牌、长矛、小刀；脖子上挂着锥子、哨子、护身符；还有木棒、战斧和弓箭，弓箭一般具有毒性。（图 60 的 15 号、19 号）

阿马祖鲁人，或叫祖鲁人，以放牧和农耕为主，历史上曾是一个好战的民族，所有士兵都受到严格的纪律约束。士兵的军服包括围裙、皮帽和特制的手镯、腿环。带有双层豹皮领饰的斗篷和护胸甲是首领的标志（图 60 的 22 号）。他们的武器有短棍、长矛、带把手的盾牌和弓箭，箭镞带有毒性。除了首领之外，祖鲁人不举行葬礼，生病的人会被赶出部落。

霍顿督人是混血人种，有着烟黄色的皮肤。女子的衣着由两层裙子组成，遮住肩部以下的绝大部分，显得比较端庄，这是该民族女装的特征。霍顿督人在脸上涂颜料，将烟灰和油脂涂抹在头发上。为了保持卫生，他们会用油脂涂抹整个身体，并用一种名为布丘的香料遮盖动物油脂散发的酸败气味。他们的项链、手镯、皮带和围裙上缀有玻璃等材质的珠子。妇女把头发盘成平顶，用以承托大篮子、陶器等重物。部落首领会戴熊牙项链。

非洲人很早就使用烟斗和烟嘴（图66、67），一些分析人士指出，烟草可以使人产生体力增强的感觉，并导致精神的亢奋。

图60

非洲几内亚、
塞内冈比亚、
苏丹、
阿比西尼亚、
阿班图斯等族群的服饰。

图 61 1877 年，来自非洲的 5 个努比亚人在巴黎动植物驯化园中搭建的帐篷。

图 62　廷巴克图人、希卢克人、尼亚姆人和分布在尼罗河上游的巴里人。

图 63　贝专纳人、贝索多人、马塔贝人、阿玛萨霍萨人、祖鲁人的服饰。

图 64 塞内加尔人的服饰。

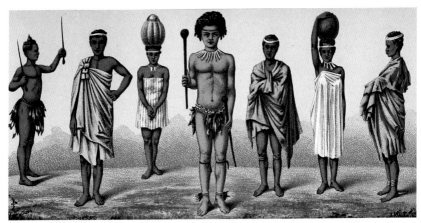

图 65　霍屯督人、卡菲尔人、贝专纳人的服饰。

图 66

图 66、图 67　非洲人所使用的吸烟工具。

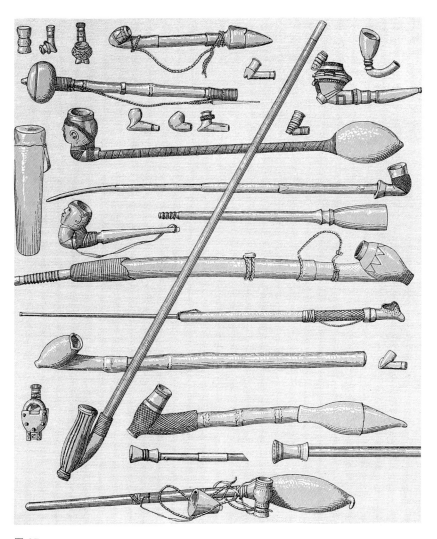

图 67

3 美洲

　　巴西和巴拉圭的原住民主要有瓜拉尼人、加勒比人和博托库多斯人三个种族。他们大多为游牧民族，博托库多斯人仍然是依靠自然为生的狩猎族群，只有住在茅屋中的瓜拉尼人被发现有开化的文明习惯。（图68）

　　博托库多斯人的颧骨比较突出；鼻子短；眼睛又黑又亮；头发浓密。他们不穿衣服，身材健壮，肌肉发达，会在耳垂和下唇佩戴奇特装饰品。

　　唇饰是美洲土著部落特有的装饰之一。瓜拉尼人中同样有类似的装饰品，嘴唇从小就被刺穿。在巴西南部的卡亚巴瓦人和瓜伊库鲁斯人中，使用闪亮的树脂和黄金作为装饰。但是，这种独特的装扮样式，会让人的嘴唇随时间的累积而发生撕裂，嘴唇的两侧需要缝合。女性佩戴的装饰会比男人的小一些，因此更能体现出这种装饰的特殊魅力。

　　卡马坎-蒙戈约斯人和普瑞斯人，都具有塔普亚斯人的特征，塔普亚斯人是博托库多斯人的祖先。卡马坎人留着长发，是一个好战而强大的种族，他们从游牧民族逐渐发展为农业民族。他们通常穿一条短围裙，戴羽毛帽。卡马坎的酋长佩戴一种由羊毛编织成的网状头冠，其顶部装饰着鹦鹉等鸟类的多彩羽毛。卡马坎人造出一种木制乐器，南瓜形的外腔内装有小石子，挥舞时发出响声，为跳舞进行伴奏。

普瑞斯人生活的地方会有很多凶猛的动物，所以他们习惯睡一种由树皮编织的吊床。吊床被悬挂在两棵树干之间，上部连接横杆，在杆上覆盖大片的树叶。（图68）

　　黑色人种在巴西的大城市中占其人口的大多数，并给整个巴西人独特的印记和影响。特别是在市场上，到处可见不同种族、不同肤色的人。（图69）

　　占据智利的印第安人大部分是阿劳坎人，他们是少数几个在欧洲人的影响下成长起来的美洲原住民之一，达到了某种文明程度，不再过游牧生活，而是从事农业生产，主要种植小麦和玉米。智利的基本人口由土著印第安人、西班牙克里奥尔人和这两个种族的混血儿组成。阿劳坎人用羊毛制成的布料制作斗篷。这里的人整齐划一地穿着短斗篷（即南美披风），这种无袖的衣服是民族特色服装（图70），由两块三角形布拼接而成的四角布，穿着时，头从布中间的开口处套入。

　　在布宜诺斯艾利斯生活的高乔人不屑于耕种土地，他们依靠贩售捕获的野牛等动物为生。他们头戴轻便的毡帽；身穿宽衣领的羊毛或棉质衬衫；腰系一块方形的织布代替裤子。高乔人也穿斗篷，他们斗篷从中间开口处系紧即可变成毯子。高乔人随身携带的物品主要有长刃刀和套索。套索是由一根十五至二十米长的涂有油脂的皮革绳索制成，末端是一个金属环。（图69）

　　墨西哥的人口由纯正的本地人、西班牙人的后裔和混血族群组成。土著人又分为原始印第安人（齐齐米卡人或塔拉斯坎人，以及阿兹特克人）和支流印第安人，此外还有一些未被征服的部落，例如梅科人、阿帕奇人、科曼奇人和利潘人。首领通常会戴装饰着飞鸟羽毛的头冠，身穿水牛皮外套，边缘镶嵌着小金属片，上衣的右侧挂着一枚圆柱形哨子（图71的11号）。西班牙裔的墨西哥人喜欢骑马。男女都可穿颜色亮丽的斗篷；男子一般在衬裤外，加穿一条侧开口的皮裤，或是一条仅仅遮住腿的阔腿裤（图71）。

堪萨斯州和内布拉斯加州的北美印第安人（图73），会将面部涂抹成朱红色和白色。他们的服饰有大斗篷、棉质的罩衫、兽皮外套、熊的齿爪做成的项链。他们的首领大多手持羽扇。首领的头冠上的饰品通常是羽毛和金属构件，项链由镜子和玻璃珠组成。首领的胸部一般文以部族的图腾。这里的人保留着绳结记事的传统，他们称其为贝壳念珠。

俄勒冈州到哥伦比亚南部的所有印第安人部落，基本遵循着父权制的社会形态。女人们夏天穿草裙，冬天穿皮衣；佩戴藤条编织的头饰；所戴项链由宝石和彩色玻璃制成；所穿的棉布裙边上缀有贝壳。这里的印第安人会在面部、脖颈、身体上涂上些许颜色。

延续至今的北美土著人（图72），曾是历史上最伟大的狩猎民族，他们的人口数量与日俱减。爱斯基摩人分布在拉普兰、西伯利亚、堪察加半岛、阿留申群岛、哈德逊湾沿岸、巴芬湾、麦肯齐湖和努特卡群岛。爱斯基摩人自称"因纽特"，意思是"人"。很明显，这个称呼似乎可以驳斥那些荒诞的寓言，根据那些寓言，爱斯基摩人认为他们这一种族是猿的后裔。（图74）

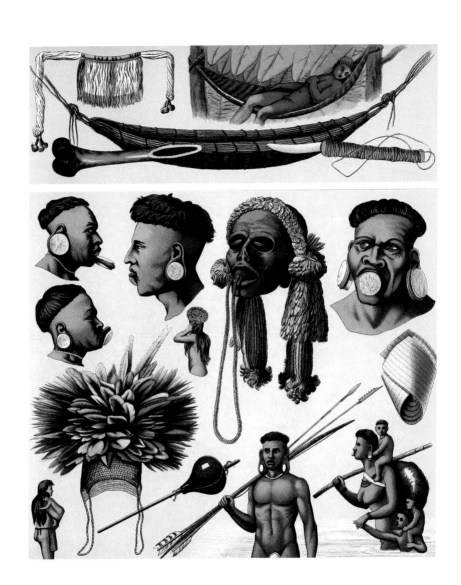

图 68　普瑞斯人睡觉用的吊床（上）。巴西、巴拉圭原住民的配饰和使用工具（下）。

图 69　巴西、智利和布宜诺斯艾利斯的服饰。

图 70　智利各族群的服饰。

图 71　墨西哥各族群的服饰。

图 72　北美原住民的服饰。

图 73　堪萨斯州和内布拉斯加州的北美印第安人的服饰。

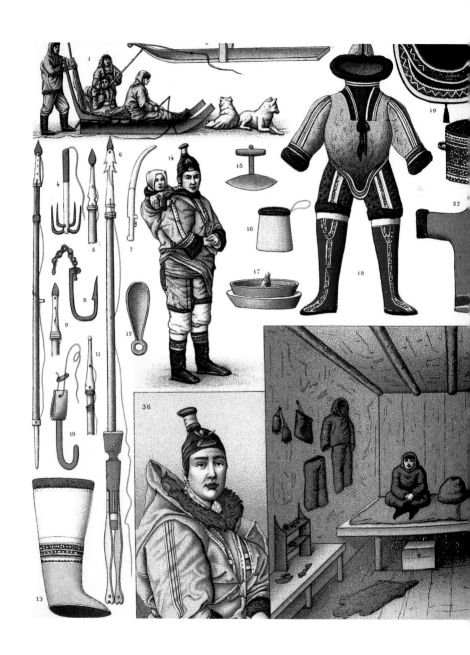

图 74 爱斯基摩人的服饰、工具及生活场景。

图75　俄勒冈州、加利福尼亚州原住民的服饰。

4 中国、日本

在中国，皇帝，也称天子，是其所辖臣民的最高统治者，他对臣民行使的至高权力来自上天的赋予。他的衣服、珠宝、宝座和屏风（用来遮住皇帝的庄严面容，以防止被人加以亵渎的窥视）都被赋予了神圣的意义，即使皇帝不在当场，这些物品依然受到臣民的尊崇。

朝廷的官员分为文官和武官，根据他们权职的重要性进行分类，佩戴与他们等级相应的标志。官衔的主要标志是官帽上的顶戴，其材质、大小和颜色从一品到九品各有不同。官帽上的顶珠大致按一二品为红色，三四品为蓝色，五六品为白色，七八九品为金色而分类。官帽上的孔雀羽毛叫作花翎。官服的长袍上绣有龙蛇图案。官服的颜色也有一系列的规定。黄色是皇帝、皇族血统的皇子和皇帝授权的人的专用色。红色是一般官员的颜色。黑色、蓝色和紫色是任何人都可以使用的服装颜色。根据礼节的规定，男子在拜访他人或是接待客人时，必须鞋帽齐整，手中持扇。（图78）

中国妇女的公民地位低于男性。她们的脚在童年时因包裹而变形。中国人喜欢女性因裹脚表现出走路时的柔弱姿态。当小脚的女子蹒跚而行时，好事者将其比作微风中摇曳的柳树。

中国人的服饰在亚洲族群中是最为方便的（图79—81）。它顾长、宽松、卫生并且多样。男人们穿长衫、长马裤、缝制的长裤、长袍、系一条宽腰带，宽腰带可用作荷包，用带钩调节固定。冬天，他们则穿上布或毛皮制成的紧身短上衣，在马裤外面套上暖腿套。女人的服装在本质上与男人的服装相似，她们从头到脚都被包裹着，根本看不出身形。中国人比其他民族更加崇敬逝者，因此在逝者的葬礼上，生者会给逝者一种特别庄严的悼念。（图83）

日本的历史大约开始于公元前六世纪。尽管日本最近对欧洲重新开放贸易，欧洲人也只能在某些沿海城镇见到日本人。他们是一个征服欲极强的民族。他们依循封建的政体。长期以来一直排斥外国人的日本人，如今正以惊人的速度吸收欧洲的某些文化。

有一点可以确定，日本人炼钢的技术已经达到相当完美的境界。军人在这个国家备受尊敬。武士属于古代社会等级的第四等级。日本武士刀的刀刃由中间较宽较长的心铁和两侧各一块较窄较短的皮铁锻打而成。这样得到的刀刃，其边缘显示出被称为"云"的花纹。这种武士刀可以对敌人造成可怕的打击。只要稍加练习，轻轻一挥便可手刃对方。落魄的贵族宁愿卖掉他所有的东西，也不愿放弃武士刀。

日本人在穿衣方面追求简朴。所有人都穿着一种敞开的长袍，女袍稍长一些。这种长袍在胸前合拢交叠，用丝绸腰带系着。男装还包括紧贴小腿的裤子和数量不一的长袍。平民所穿长袍的材质多是白色棉布，贵族则用蓝灰色的丝绸制作长袍。贵族穿的裤子很宽，颜色鲜艳，并且很短，可以露出一部分小腿。冬天他们会穿棉袜。日本人喜欢深色的衣服。和服是一种有袖的长袍，在日本随处可见，其宽大的袖子在人们工作时可以被完全卷起。已婚妇女会剃掉眉毛，用铁屑染黑牙齿，衣着并不鲜艳。在日本，女性

的服饰中没有衬衫，取而代之的是红色丝绸的束腰外衣。日本女人经常用化妆品，会在嘴唇上涂胭脂，甚至是金粉。（图89—93）

老挝人会让人想起北波利尼西亚人。老挝西部的人从胫骨上方到肚脐都有文身。在婆罗洲，达雅族女人为了吸引情人而文身。暹罗是亚洲东部最富有的王国之一。在暹罗，妇女是受尊敬的，享有极大的自由。（图96）

图 76 中国皇室成员和官吏的服饰。

110

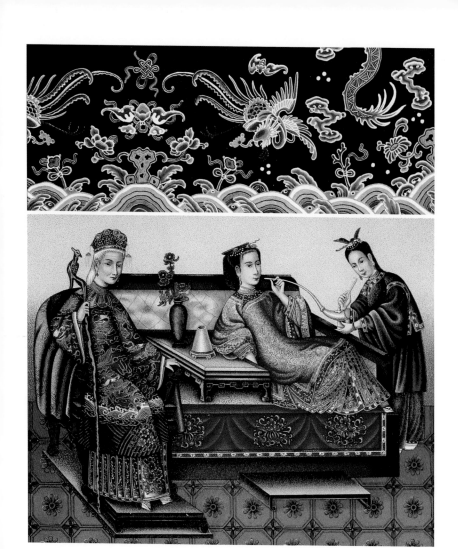

图 77　中国皇室成员的服饰。

111

图 78 中国官吏和平民的服饰，以及常用的交通工具。

图 79　中国上等阶层和底层劳动者的服饰。

图 80　中国女子的不同发型。

图 81 中国女子的鞋和各式扇子（上）。
清朝官吏和越南北部地区的中国人的服饰（下）。

图 82　中国各式帽子、发饰和香囊等。

117

图 83　中国富人的葬礼。

图 84　日本弓箭手的服饰装备。

图 85　日本士兵服饰和武器装备。

图 86 日本底层的工匠和苦力，以及一些武器装备和家具。

图 87　日本可佩带武器的贵族阶层服饰和不可佩带武器的平民的服饰。

124

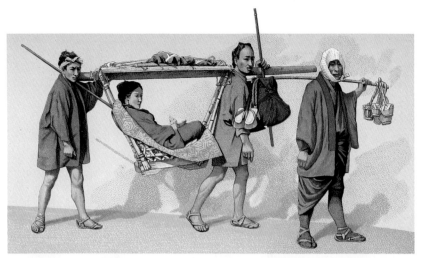

图 88　日本平民服饰。

图 89　穿着和服的日本女性。

图 90 日本僧侣和城市中的女性。

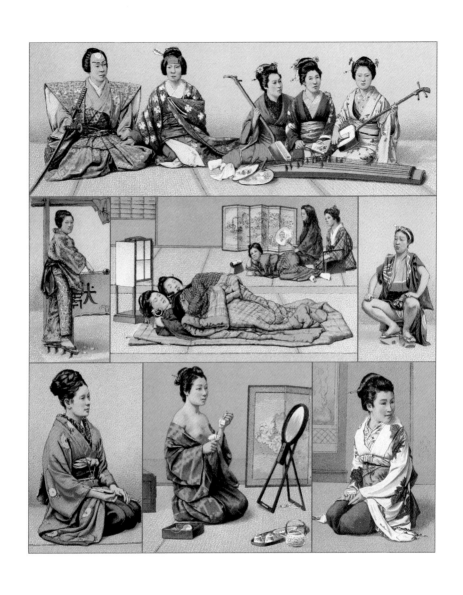

图 91　日本女子的日常生活场景。

图92　围在火堆旁观看室内演出的日本人。

图 93　日本各式服饰以及室内生活场景。

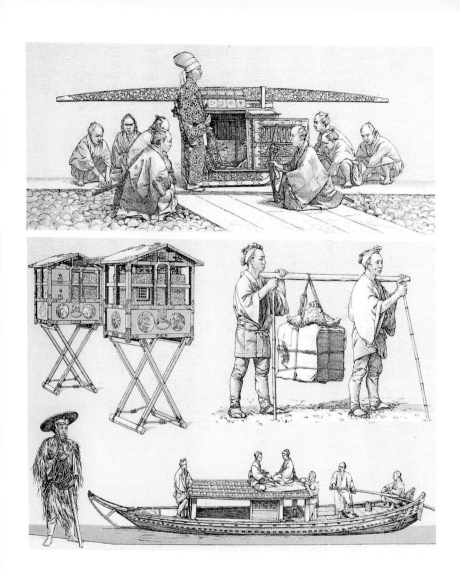

图 94　日本的运输工具。

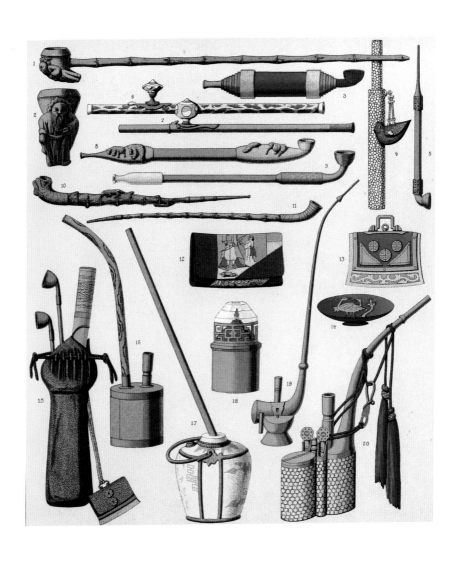

图 95　亚洲吸烟者用的烟具和配件。

图 96　老挝人、暹罗人等的服饰。

图 97 印度、波斯、爪哇地区的吸烟用具。

5　印度

　　莫卧儿王朝统治广袤的印度地区长达两百多年，这个王朝最辉煌的时期是 16 世纪。它以宏伟壮阔的宫殿闻名于世（图 105），在 17 世纪的欧洲人心中，莫卧儿王朝有着非同一般的地位。著名的"孔雀王座"因其华丽的装饰让有幸目睹的旅行者们赞不绝口。当国王出行时，仪仗队的最前面是两位唱着国王赞歌的诗人，随后是五六千名随从，伴有大象、轿辇和乐队。（图 103）

　　莫卧儿王朝时期的妇女戴着无比轻盈、光滑的丝质面纱。她们的长袍是用来自达卡的优质棉花制成的。她们的裤子用绣花丝绸制成，腰上缠着的金丝织物则是产在克什米尔的山谷。（图 104）

　　莫卧儿王朝的皇帝在指挥作战时会戴一顶金色锦缎的头盔。他的防护甲是由一件短袖上衣和一件结实的绗缝丝质圆裙组成，外面覆着一层丝绒，饰有几何图案，胸前配置纽扣状的大片胸甲。战马披挂华丽的马衣和配饰。（图 106）

　　印度是实行种姓制度的国家，将人分为婆罗门、刹帝利、吠舍和首陀罗四个等级。婆罗门主要是僧侣，受到世俗人民的尊敬与供养，并主持绝大多数的寺庙，拥有祭祀神灵、举行盛典的权利。在印度，一般的死者被平放在柴堆上火化（图 113），而僧侣、信众等宗教团体的成员则要坐着火化。（图 110）

　　在印度，妇女轻易不能离开自己的家。红色是印度人服装中的主导色，因为它是欢乐和幸福的象征，黑色则寓意着不祥。印度女性用番红花粉涂抹身体，用核桃油润养头发，发型通常是盘发或是长长的辫子。印度的舞女有三个等级：献身于礼拜仪式；参与游行活动；在管弦乐队中伴舞专为取悦私人雇主。

图115展示了克什米尔地区军人的装束。克什米尔的妇女以美丽而闻名，她们的容貌纯洁而高贵。

孟买的街道上车水马龙。双轮牛车（图118）是为数不多的仍可见到的起源于印度的车辆。它虽然是两轮车，但造型仍不失优雅。坐斗上面有一个由四根小柱子支撑的顶篷，后来逐渐改进扩大，甚至出现了浅镀金的圆形顶篷。牛在印度承担着驴马在其他地方的功能。

图 98

图 98、图 99、图 100　印度王室成员的服饰。

图 99

图 100

图 101　莫卧儿帝国皇帝和宫廷女子的服饰。

图 102　印度服饰。

图 103　印度莫卧儿帝王出行乘坐的"孔雀宝座"。

图 104　印度住宅的内部庭院。

图 105
印度宫殿
庭院。

图 106　16 世纪印度的军装。

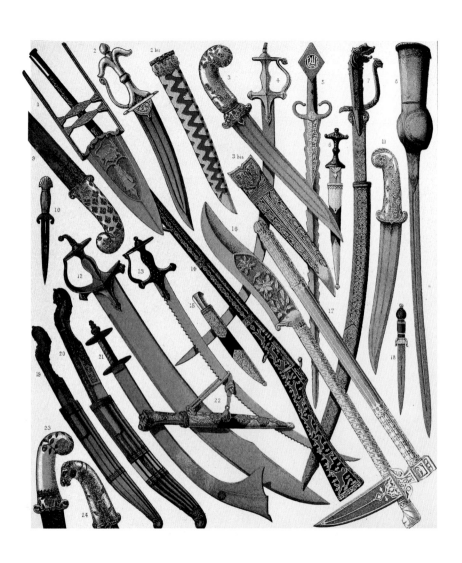

图 107 印度武器。

图 108　印度的武器和其他物品。

图 109 印度平民的葬礼（上）。印度贵族服饰（下）。

图 110　印度婆罗门的葬礼（上）。印度女子的服饰（下）。

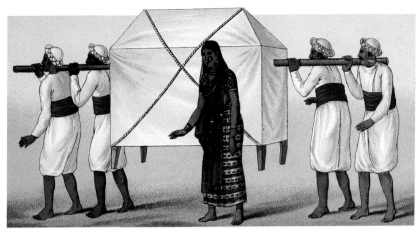

图 111　印度交通工具（上）。印度女子服饰（下）。

图 112　印度婚车和游行队伍。

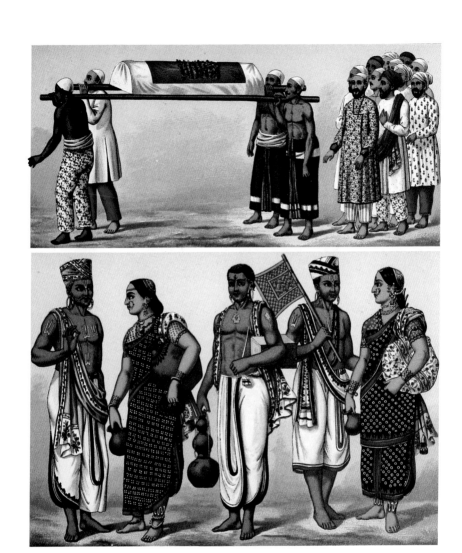

图113　印度葬礼(上)。印度婆罗门的服饰(下)。

图114 印度葬礼（上）。印度各种人物的服饰（下）。

图 115　克什米尔士兵和女性的服饰。

图 116　印度山区的女子。

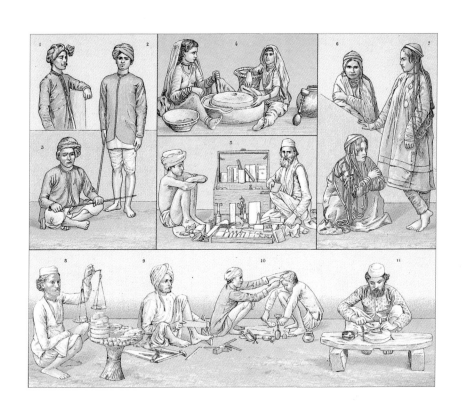

图 117　不同职业的印度人。

图 118　印度的房屋和交通工具。

6　锡兰岛、马来群岛、波斯、叙利亚

　　锡兰岛上生活的人可以分为四个种族：维达人，可能是最早的原住民；僧伽罗人来自印度；马拉巴尔人也是来自印度；摩尔人。僧伽罗贵族所穿上衣一般由棉和丝绸制成，下缘直到领口缀有纽扣。锡兰人无论男女都会穿着一种叫"康博耶"的民族服饰，即用一块长布围住臀部及下肢，类似紧身裙。尽管英国政府颁布政令废除了种姓制度，但锡兰人仍按照各自的等级来着装。

　　马来群岛包括菲律宾群岛、摩鹿加群岛、西里伯斯岛（苏拉威西）、婆罗洲岛、苏门答腊岛、爪哇岛、帝汶岛，等等。马来人遍布各个岛屿。马来群岛上的居民使用的武器主要是马来短剑、矛戟等。马来短剑是一种刺击式武器，刀刃呈直线或锯齿状，有时剑身会被涂上从树汁中提取的毒药。（图 121）

　　东方人精于围裹头巾（图 122、123）。尽管有传统的奥斯曼式，但随着当地习俗和时尚的变化，头巾的缠绕方式也发生着变化。头巾通常是一条很长的布，有时长达十五六英尺（约 5 米），需要两个人配合才能包裹完成。布料多是羊毛、丝或棉。另外一些东方国家的某些民族，则偏爱戴帽子，比如波斯人的羊皮帽或者土耳其人的毡帽。

　　波斯女子出门时会在裙子里穿上宽大的裤子（图 124）。她们的脸被一层密实的面纱遮掩，眼部留一道很窄的缝隙，并用网状织物覆盖。在服务场所工作的女性，手指和脚趾会用海娜花提取物妆饰（图125）。在波斯人的观念中，舞女几乎等同于妓女。她们的舞蹈常通过脖子的摆动配合生动的表情表现热烈的情感（图126）。咖啡广泛地出现在波斯人日常生活的每时每刻。咖啡豆会在长柄锅里反复煎煮。人们出行时通常会将咖啡豆与蜂蜜混合，利于保存和携带。

波斯显贵们大多穿着垂至脚面的缀满金线的华丽长袍。公职人员会戴一顶用阿斯特拉罕羔羊皮制成的帽子，这种羊皮有着黑色短毛。在波斯，那些致力于研究法学、伦理学和神学的人被称为莫拉。烟斗在波斯十分盛行，男女都会使用。烟斗往往被制作得异常奢华。（图131）

图 119 锡兰人的服饰。

图 120　马尔代夫人的服饰。

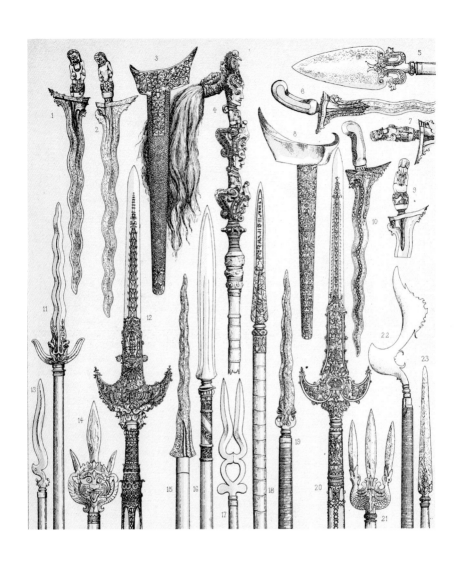

图 121　马来群岛上居民使用的武器。

图 122

图 122、图 123　亚洲各地人们帽子的样式。

图 123

图 124　波斯女性的服饰。

图 125 波斯的家政服务。

图 126　波斯乐师和舞女。

图 127　亚洲人佩戴的由金属打造的珠宝首饰。

图 128　波斯王和他的乐师。

图 129 波斯吸烟的人、波斯服饰。

图 130　波斯房屋的内部。

图 131　亚洲人使用的水烟斗和普通烟斗。

图 132

图 132、图 133　穆斯林的仪式

图 133

图134 亚洲基督教和其他宗教团体成员服饰。

图 135　叙利亚用于运输和乘坐的单峰、双峰骆驼。

7 非洲北部

  吃苦耐劳的骆驼是沙漠之舟，可以驮重物，帮助人们拉犁、转动水车，与朝圣者同行。最引人注目的骆驼骑手是图阿雷格人，他们通过占据水井和绿洲，向旅行者出售新鲜的食物和水来获取利益。马则是阿拉伯人的朋友和帮手。阿拉伯人和柏柏尔人的马鞍与土耳其人的马鞍相似，柔软舒适。在开罗，人们有时会用海娜花或其他装饰品将马打扮得充满奇异风情。（图136）

  柏柏尔人被认为是非洲土地上最古老的居民之一，分为几个支脉：西部摩洛哥的亚玛谢人、提布斯人、图阿雷格人和居住在阿特拉斯山脉的卡拜尔人。卡拜尔人是一个勇敢而勤劳的民族，他们既是武士又是商人，他们把民族精神看得高于生命。卡拜尔男人头戴小圆帽，穿羊毛衬衣和皮围裙，有时还会绑上羊毛腰带，除此之外，他们的服饰还有连帽披肩或呢斗篷。（图137）

  卡拜尔女性可以带着头巾去参加各种聚会。部落中的妇女大都掌握编织羊毛的技艺，她们负责为家庭提供充足的食物。卡拜尔的妇女不怕危险，会跟随自己的丈夫参与战争，从而激发他的勇气。卡拜尔女性的肤色白皙，各个年龄段的女性都会染发，对她们来说，头发永远都不够黑。她们的染发剂是一种经过加热熬制的糊状物质，以橄榄油作为稀释剂，混合了几种植物和矿物原料。

  严格来说，阿拉伯人的帐篷（图141）里没有家具。他们的起居因各自的职业而异。牧羊人需要去各地放牧，所以会经常移动营地。农夫则住在他的田地附近。在帐篷的中心柱子的底部，人们会放两到四个袋子，里面装着一家人一到两周所需的大麦、小麦或枣等食用物资。阿拉伯人的首领会戴一顶用羽毛制成的尖顶帽子，帽子的边缘很宽，可以很好地遮挡阳光，其顶部会有一条装饰用的红色丝绸绳。他们的短夹克是丝绸材质的，上面用金线绣着精美的图案；腰带也是丝绸材质的；马裤是棉质的。他们会在臀部围一块带有条纹图案的绸布，并在身体的一侧打结；所穿的棉质长袜也是带条纹图案的。鞋子是他们必不可缺的物品，通常用粗糙的牛皮或骆驼皮制成，与 V 形护腿之间用皮绳相连。（图 143）

居住在阿尔及尔的犹太女子所穿的服装混合了北欧和东方的服饰元素。犹太女子由于很少离开家，所以并不追求光彩照人的外在形象，她们的服装印证了这一点：选材大部分是粗布，而剪裁也不如摩尔女性那般追求优雅。她们出门时，会戴一顶高大的棉质帽子，其宽大的帽纱可以垂至脚面（图 143）。犹太人不在脸上文身，他们的宗教禁止这种行为。

在阿尔及利亚和突尼斯，性别不平等从孩童时期就体现出来，所有与男孩有关的事情都受到重视，对女孩就没有这样的关注。

从人类学的角度来看，阿尔及利亚和突尼斯的种族构成是一致的：柏柏尔人、阿拉伯人、摩尔人、犹太人和来自中非的黑人。在城镇中，家境富裕的阿拉伯妇女总是戴着面纱。摩尔妇女也是如此，她们很少外出，出门时会外穿一种名为贝斯利克的覆盖全身的轻质织物，里面则隐藏着优雅而华丽的家居服装。（图 147）

在巴巴里州的城镇里，妇女的服饰保留了原始形式，但不再使用摩尔人手工制作的色彩鲜艳、丝质柔滑的羊毛呢布，而是使用普通的布，通常带有蓝色格子的花纹。

　　非洲北部的阿拉伯人绝大多数是平民。他们的服饰（图149）不像欧洲底层人民那样丰富。生活在撒哈拉沙漠地区的人（图151）在服饰上要比生活在泰勒阿特拉斯山脉地区的人更为精细。无论是阿拉伯人还是柏柏尔人，丝绸、首饰、腿环、手镯、珊瑚项链都是财富的象征。

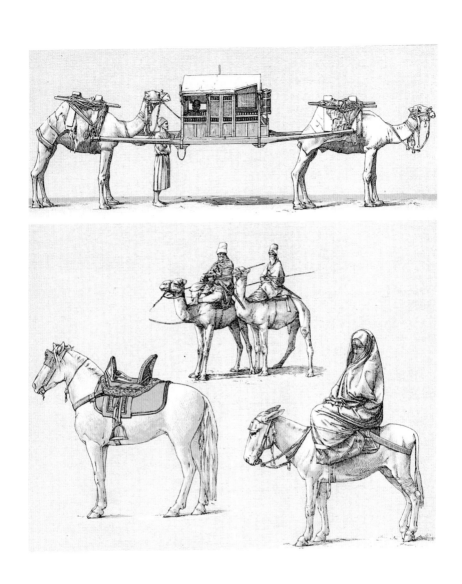

图 136　非洲沙漠中的坐骑和运输工具。

图 137　柏柏尔人的服饰。

图 138　非洲女子服饰。

图 139　卡拜尔的珠宝首饰。

图 140 卡拜尔住宅内部的生活场景和流动的金银匠。

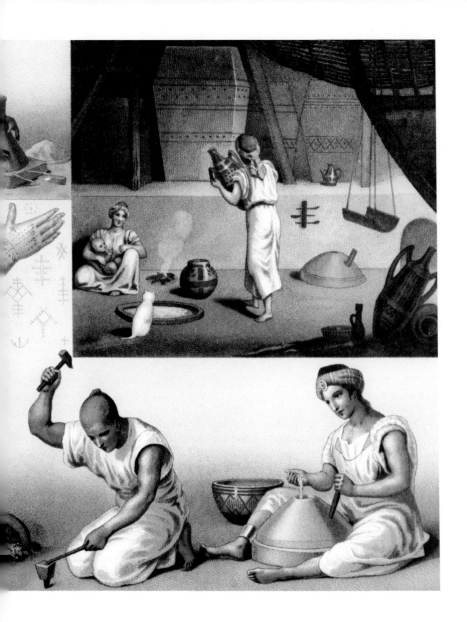

图141　阿拉伯人的帐篷（上）。卡拜尔妇女的华丽服饰（下）。

图 142　摩尔首领的服饰和 15、16 世纪的剑。

图 143　阿拉伯人、阿尔及利亚人的服饰。

图 144　阿尔及利亚人的服饰。

图 145　阿尔及利亚和突尼斯的孩童和小商贩。

图146 阿尔及利亚、突尼斯、柏柏尔、阿拉伯妇女的服饰。

图 147 阿拉伯人、摩尔人等的服饰。

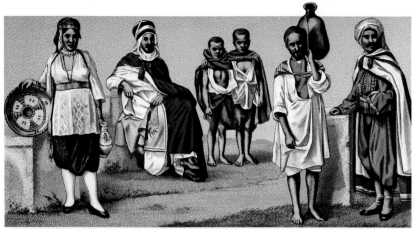

图 148　阿尔及利亚人和突尼斯人。

图 149　阿尔及利亚、突尼斯底层人的服饰。

194

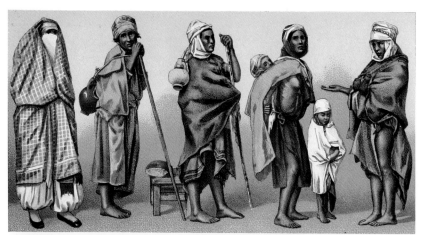

图 150　阿尔及利亚沿海地区人的服饰。

图 151　撒哈拉沙漠游牧女子的服饰。

图 152　埃及开罗上层家庭的室内场景。

图 153
摩尔人的住宅。

图 154　13、14 世纪，摩尔上层家庭的室内场景。

8　土耳其、拜占庭

　　大维齐尔（奥斯曼帝国苏丹之下最高级别的大臣）的头巾与苏丹的头巾相似，十分硕大，上面覆盖着一块薄纱（图155）。禁卫军是一支步兵部队，由奥斯曼帝国第二位首领奥尔汗于1350年建立。白色毡帽是禁卫军的标志。在18世纪，土耳其上流社会的女士们会随季节更换不同的皮衣，秋季貂皮是首选，冬天是黑貂皮，春天是松鼠皮。当时在贵族妇女之间流行一种特别的发式，前额的刘海从中间向两边各剪出一个月牙的形状，中间额发的长度有的甚至垂到了鼻梁。

　　在穆斯林家庭中男女分开居住，男人的居所被称为希姆利克，女人的居所则被称为哈来姆。"哈来姆"这个称呼也代指穆斯林家庭中所有的女性。不仅如此，人们用"哈努姆"指称成年女性，"伊兹"指称未成年的女孩。穆斯林的房子一般是木结构的，天花板很高，会分成很多方格，上面画着各种各样的壁画，墙壁有两层窗户，上面一层窗户通常饰有彩色玻璃，窗户的框架用石膏做出精美的造型。沙发是最主要的家具，人们通常盘腿坐在上面，其间还会摆放几张小桌子，用来放置零食或饭菜，以及照明用的灯火。有一种名为坦杜尔的长方形桌子，其上铺着长及地板的毯子，其下放着一个铜质火盆，其温度由覆盖炭块的灰烬的厚度来调节。围坐在这种桌子旁边时，人们可以将毯子的边缘盖在膝盖上面，很快就会感觉到温暖。（图157）

在苏莱曼二世时期，皇室女眷的居所容纳了 6000 多人。苏丹的母亲、姐妹和女儿被统称为苏丹娜。在任苏丹的母亲享有至高无上的特权，甚至可以不戴面纱出现在公共场合。苏丹宫殿的前厅或希姆利克实际上只允许男性经常出入。女性的居所僻静幽深，与民间女性的居所哈来姆一致。图 159 展示了 19 世纪苏丹皇宫中哈来姆的样貌：拱廊、穹顶、花窗、地毯以及精美的石膏柱。其中，窗户上的隔扇可以根据需要调节上下位置，当隔扇落下时，可以俯瞰整个花园。

君士坦丁堡的修行者会随身携带一块名为特斯利姆的石头，这种石头的体积非常大。他们的右耳佩戴月牙形的金属饰物；胸前悬挂一只吹口呈鱼嘴形的弯曲短号；腰上系一个皮荷包。他们的衣服主要有带袖的斗篷、夹克，以及宽松的带有褶皱的裤子。鞋子多是红色或黑色。

土耳其人的房屋，厨房与住宅是分开的。为了远离烹饪时散发的味道，有的人将两者之间的距离间隔得非常远。负责传递菜肴的仆人头顶巨大的铜质托盘，托盘上面放着多盘菜肴并用餐盖保温。传菜的仆人穿着棉质带条纹图案的围裙，肩膀上横搭着白色餐巾。他们穿着杂色的羊毛织袜。君士坦丁堡的土耳其妇女居家时可能会穿着华丽的服饰，出门时她们则将华丽的服饰隐藏在周身朴素的外袍之下。（图 160）

马尼萨城据说是小亚细亚最大的棉花市场。这个城市的富人通常外穿一件马甲。此地居民的主要服饰有无领夹克、厚重耐穿的鞋子、土耳其式毡帽等。他们的帽子呈平顶圆锥形的外观，顶部垂下一缕流苏；他们的腰带很宽，上面缀有金色纹饰。马尼萨的妇女们所佩戴的传统毡帽上缝着精美的面纱；所穿外套的边缘会用金线绣出精美的图案。

安卡拉妇女的服装相对朴素，她们更注重首饰的搭配，用各种金属制品装饰毡帽，用金银线编织宽大的项链。安卡拉的主要产业有纺织、浆染、制皮、织毯等。安卡拉的工匠并不像表面看上去的那样富裕。他们往往头戴一顶土耳其式毡帽，身穿同色系的衣服，脚踩一双带有花边的黑色靴子。

布尔杜尔城的女性同样会戴一顶毡帽，其顶部有银质的装饰，还有流苏，流苏上缀有银质饰品。她们会在毡帽的外面裹一条黄红色相间的棉质条纹长巾。布尔杜尔的女性还会佩戴一种古老的上窄下宽的圆柱形头饰，上面布满各种珠宝和雕花，在脸颊的侧面有金属垂饰（图162）。还有一些地区的犹太女性用一块长长的棉质头巾包裹自身，只露出佩戴着精美珠宝的面部。这一族群的女性多穿黄色的尖头鞋。

阿夫查尔部落的霍托兹妇女有着烦琐复杂的服饰。她们的头饰有几十厘米高，外面围裹着红黄色相间并带有树叶图案的丝巾。她们的毡帽缝有长帕，这些缀有流苏的长帕，必要时可以用于遮挡面部。她们佩戴巨大的银色耳饰，脖子上戴着同样复杂巨大的项链，腰上有一块银牌，上面有太阳和月亮的精美图案。她们穿着黑色的毛毡围裙和黄色的鞋子。（图161）

土库曼人是游牧民族，性格温和对人友善，不携带武器。他们因古老而高贵的出身受到尊重。他们有广阔而肥沃的草地，放牧的牧群是他们唯一的财富来源。他们喜爱华丽精美的饰品，服装上有精美的金色刺绣。

在约兹加特生活的库尔德部落主要以放牧为生。男性的服饰主要包括相间着红黄白条纹的棉质长袍和条纹丝带；图案繁多的毛料马甲；红色靴子（图161）。库尔德女性经常协助男人聚拢牛群、装载帐篷，所以她们的服装相对简便。她们用一块棉布紧紧地套在身上，袖子和胸衣上有金色的刺绣。（图162）

图 155　18 世纪，土耳其高官的服饰、头巾。

图 156　土耳其女性的服饰。

图 157　土耳其接待客人的场景。

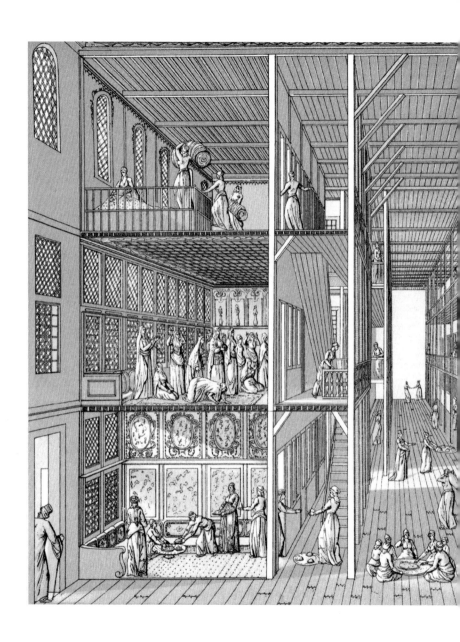

图 158 土耳其皇室后宫的室内场景。

图159　19世纪，土耳其宫殿中皇室女眷的房间。

图 160　君士坦丁堡人的服饰。

图 161　马尼萨城、安卡拉、布尔杜尔城、阿夫查尔部落、库尔德部落人的服饰。

图 162　土耳其不同族群的服饰。

213

图 163　土库曼人的服饰。

图164　大马士革、贝尔基斯、黎巴嫩人的服饰。

图 165　小亚细亚的女子服饰。

图 166　5 至 11 世纪，拜占庭普通人、官员和宗教人士的服饰。

图167　13至15世纪,拜占庭和阿比西尼亚皇室和神职人员的服饰。

图 168 拜占庭皇室的雕像。

CHAPTER THREE

第三章

5 至 19 世纪的欧洲

1 中世纪

罗马艺术在长达几个世纪的漫长变迁中，遗留下来的信息已很模糊。外敌入侵、宗教战争、内部纷乱带来的影响使其民众逐渐遗忘了自身的传统。

最初，法国国王使用的饰物（图169）与罗马皇帝的很相似。至于服装，直到12世纪初才发生了根本性的变化，尤其是男性服装；历经600多年的短装时代之后，法国男子穿起了长款服装。此时，男士软帽出现在公众视野，主要有四角方形帽和尾部长而尖的弗里吉亚帽，以迎合社会上普遍流行的普罗旺斯发型。这种发型前面较短较薄，两侧和后面较长较厚。男士通常会穿一件叫作"布劳特"的窄袖及膝的束腰外衣。布劳特所用面料多以素色为主，有时会用金线或其他彩色的丝线装饰，但仍保持了面料的轻盈柔软。上层阶级所使用的面料大多进口自东方。布劳特的变化大约起于11世纪中叶，下摆变长，袖子加宽，不再使用腰带束腰，而是通过背部的别针来收紧腰部。直到12世纪晚期，腰带才在平民服装中得以恢复。

12世纪，法国人的房子是一组庞大的建筑，适合和平时期的定居生活，只有战争能打破这种舒适感。"起居室"容纳了人的基本活动：吃饭、睡觉、接待客人。图175中，可以看到餐桌固定在地板上。木质的床，并不宽大，但却因雕刻、镶嵌和彩绘等工艺的装饰而显得豪华，罩着精美的幔帐。这个房间的墙壁和天花板被仔细地粉刷过，出现了赭黄、棕红、红、蓝、绿等颜色。

　　中世纪，主教的尊贵地位开始以主教法冠的形式表现出来。11世纪，主教法冠的外形更像一顶圆帽，头带是从额头直接围至脑后。12世纪下半叶，主教法冠的外形发生变化，前后出现了两个冠角。头带不再是一个孤立的装饰品，而是法冠的一部分。15世纪时，法冠本身的装饰发生变化，出现了人物图案的刺绣纹样，并开始镶嵌各类珠宝（图177）。起初，神职人员的服装只是一件朴素简单的垂至脚面的长款法衣；墨洛温王朝时期，神职人员服装的色彩变得丰富起来，到了加洛林王朝时期，则变得奢华起来。

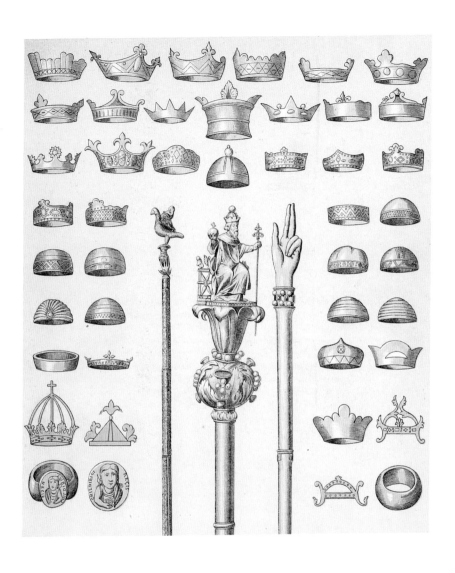

图 169　420-987 年，法国国王的皇冠、权杖和戒指。

图 170　法国 7 至 14 世纪的家具。

图 171　9 至 11 世纪，
欧洲贵族住宅的内部。

图172　9世纪，欧洲普通人、士兵和神职人员的服饰。

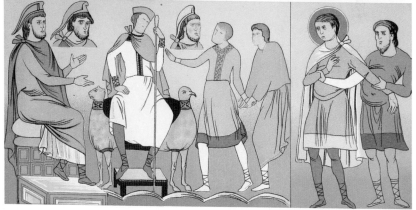

图 173　11 世纪，欧洲普通人的服饰。

图174　法国12至13世纪,上层社会与普通人的服饰。

图 175　法国 12 世纪，室内场景。

图 176　欧洲 12 世纪至 16 世纪初的乐器。

图 177　欧洲 14 世纪，主教的法冠和法衣。

图 178　欧洲 14 至 16 世纪，主教、神父和执事的服饰。

图 179　欧洲 12 至 15 世纪，主教的权杖和游行时使用的十字架、烛台。

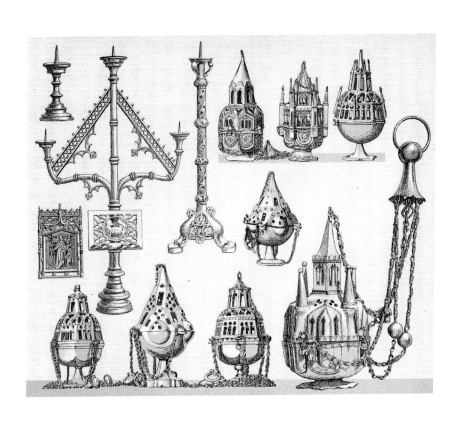

图 180　欧洲 13 至 15 世纪，烛台、香炉等宗教用品。

图 181　15 至 16 世纪，佛兰德斯的吊灯和烛台等。

图182　15至18世纪,欧洲修道士的服饰。

图 183　9 至 16 世纪，威尼斯总督的军装和礼服，以及随从的服饰。

图184 8世纪，卡斯蒂利亚国王、主教、贵族等的服饰。

2 中世纪的军装和宫廷服装

9 世纪的查理大帝时期，士兵的军事装备有：在厚皮革材质的胸衣上铆接铁板而成的铠甲；类似苏格兰短裙的褶皱皮革裙；皮质头套以及铁质帽子；青铜剑或长矛；圆形盾牌。10 世纪出现了用皮条和铁环编制的锁甲，可以很好地抵抗刀的袭击。11 世纪的锁甲发展成连帽短袖连体裤的样式，底部不再是裙子，而是宽大的短裤；锁甲的铁环用结实的绳子缝合固定；头盔由铁和青铜制成。12 世纪的锁甲尺寸更大，覆盖了整个人，穿在羊毛质的长裙外面。

13 世纪末，路易九世时期的锁甲又发生了改变。铠甲的袖子末端没有袖口，而是直接与手套连接。网帽可以罩住头部并遮挡面部；在网帽的上面佩戴巨大的圆柱形头盔。铠甲内侧在胸口位置上增加一块铁板。路易九世 1270 年去世后，外层铠甲逐渐变短；而在膝关节处增加了护铁。1340 年前后，铠甲发生了根本性的变化，锁甲的分量逐渐减轻。

13 世纪上半叶，贵族使用的剑变得越来越重。经过不断改良的剑甚至可以穿透双层锁甲。1346 年左右，剑开始变得轻、薄、窄而锋利。骑士铠甲的出现，无疑成为让人更加胆寒的武器装备。战斗中，长矛更多的是为了冲击而不是穿透。当长矛在撞击中折断后，战士必须拔出剑进行战斗，所以剑要能够产生穿透锁甲、砍断敌人臂膀的作用，或是直接穿刺敌人要害部位的作用。

14 世纪法国民众轻便的服装可以追溯到 1340 年前后，这一时期法国北部建立起了瓦卢瓦王朝。从巴塞罗那到热那亚，地中海城镇居民普遍穿着的短款贴身的夹克式衬衣，取代了长款束腰外衣。在这种贴身服装外，人们还会披一件前、侧方开口的围篷。骑士们在社会影响下也改穿短款衬衫，并将长筒裤袜的高度提升至大腿根部。这种长筒袜通常会附加鞋底，所以穿着的人不需要再穿鞋，当天气恶劣时，鞋底会被换成木制或铁制的。贵族及其侍从会同时穿着两种不同颜色的长筒裤袜：一边是白色、黄色、绿色，一边是黑色、蓝色、红色。此时，曾经遭到整个欧洲人嫌弃的尖头鞋，作为一种新鲜事物又从波兰的避难所回到欧洲大众的视野。（图190）

查理五世统治时期（1364—1380），法国人的服装呈现出全新的变化。人们不再同时穿两色的长筒裤袜，而是趋向于穿颜色统一、材质上乘的长筒裤袜。皮草被不分性别地广泛使用。尽管政府对资产阶级使用皮草制品做出限制性规定，但贵族的追捧仍然使得皮草的价格暴增，特别是优质的皮草变得极其昂贵。最终，人们不得不减少皮草的使用范围。

大约从13世纪末开始，男性普遍佩戴一种柔软的折檐毡帽。此时，男性所蓄头发的长度逐渐变短，胡须也不再浓厚；女性则将头发编盘梳拢，尽可能地露出额头和脖颈，以突显美感。

图 185　法国 11 至 13 世纪的军装和武器。

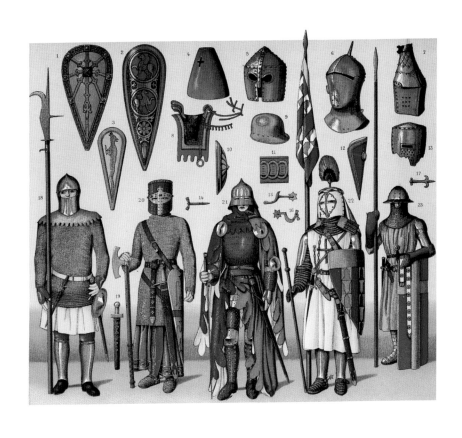

图 186　法国 13 至 14 世纪的军装和武器。

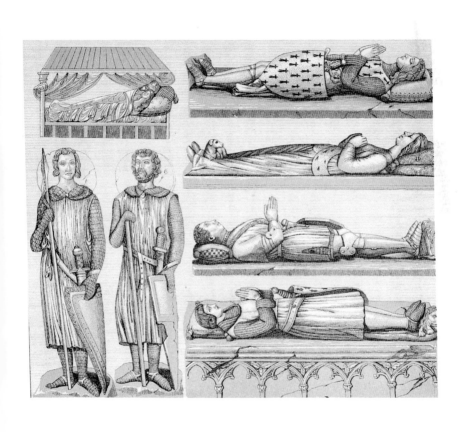

图187 法国12至14世纪，骑士的盔甲和武器装备。

图 188　13 世纪，骑士冲锋的场面。

图 189　12 至 15 世纪，平民的服饰和军装。

图 190 14 世纪的贵族服饰。

图 191

图191、图192　法国12至15世纪,贵族、平民和士兵的服饰。

图 192

图 193　13 至 14 世纪，贵族和平民的服饰。

图194　法国13至15世纪，王室和公爵的服饰。

图 195　1364-1461 年，法国贵族的服饰。

图196　中世纪，欧洲王室的发型和服饰。

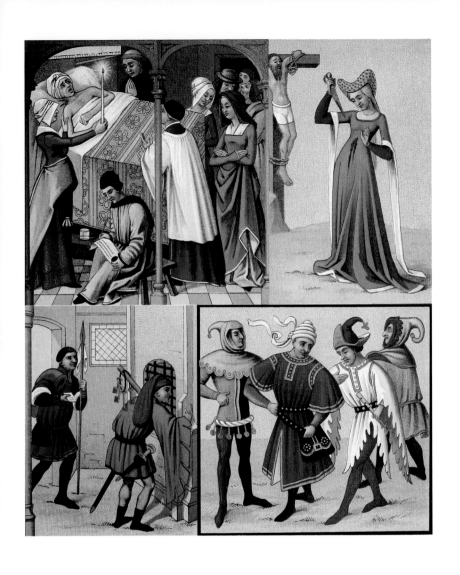

图 197 　法国 14 至 15 世纪，神父、信使等的服饰。

图 198　最高议会。

图 199 法国 15 世纪下半叶，平民的服饰。

图200　法国14至15世纪,城堡内的场景和马车。

图 201

图 201、图 202、图 203、图 204　中世纪，法国士兵的服饰和武器。

图 202

图 203

图 204

图 205　15 世纪，马上比武的场景，以及查理八世统治时期放鹰者的服饰。

图 206　15 世纪，骑士、农民的服饰和身穿黄金甲、配武器的传令官。

图 207　15 世纪，骑士和平民的服饰。

3 14 至 16 世纪的珠宝、头饰和家具

13 世纪乃至整个 14 世纪，奢华珠宝的使用使得人们的衣服无比华丽。珐琅材质的物品已被贵族认为过于廉价而失去他们的青睐。钻石不久之后出现在了服饰上，装饰性的银纽扣也被使用，珍珠则风靡了整个查理六世统治的时代（图 208）。梳子在当时被视为一种首饰，并且有它们的收纳盒，那是一种名副其实的珠宝盒，皮饰滚边压有花纹，有的还镀有黄金（图 209）。钱袋是中世纪男女日常服饰中不可或缺的组成部分，用来装首饰、珠宝、药片等。农民、信差以及朝圣者，每个人都会佩戴一个钱袋，不仅装有工具，还装有当天的食物。波塞特钱袋（boursette）是埃斯卡塞尔钱袋的缩小版，两者都系在腰带上。有些还在制作时放入遗物以使其更有纪念意义。这种小钱袋在资产阶级圈子里一直使用至 16 世纪结束。随着时间的推移，牧师在其使用的钱袋上面安装了用铁、银、金等材质制作的铮亮的搭扣，用料和做工越发讲究（图 210）。

直到 13 世纪，方形椅通常都没有高椅背。但在这个时候，椅子倾向于变宽，以便容纳穿着新式服装的人们那臃肿而昂贵的衣装（图 211）。15、16 世纪，装饰卧室的物件中出现了圣母子的形象。通常，圣像被安放在橱柜式的圣龛里，或直接挂在墙上，或置于壁挂式的小型圣龛中（图 212）。橱柜式保险柜由上下两组等大的柜子叠加构成，每个柜子都有一到两扇柜门、独立的五金配件和钥匙（图 213）。小型餐橱出现了配锁，也有可关闭但不上锁的抽

屉和其他内部装置。这种餐橱通常用于收纳花瓶和一些昂贵的厨房用具、香料以及果酱。最初它只是一个非常简单的物品，但在查理五世统治时期奢靡之风的影响下，餐橱的材料和制作工艺都变得十分讲究。

图 216 展示的卧室布局陈设，是从卢浮宫收藏的佛兰德斯绘画作品中借鉴而来。15 世纪，佛兰德斯地区的居所，内墙没有过多的装饰，顶棚的房梁等已被木板遮盖。地面铺满图案简洁的釉面瓷砖。矩形的窗户分为上下两个部分，即使下部的木窗关闭，上部的玻璃窗仍可以保证屋内有充足的光线。书架和椅子通常会放在床的旁边。壁炉的前面有一张长凳，当点燃壁炉时，长凳会被移开，放在一边。

从 13 世纪末开始，风俗向更加精致化演变，封建领主不再能容忍自己和其他平民一样过普通的生活。他们把卧室和接待室分开，每个房间都配备衣柜，并设有独立的出口。早在 12 世纪末，大多数去过东方的缙绅带回了奢华的家装品位。他们想要保暖更好、私密性更佳的房间和墙壁，于是采用了大量的镶板和挂毯。地板上也开始铺上散发香气的羊毛地毯或毛皮。

到了 14 世纪，这些奢侈品在欧洲资产阶级人群的生活中占据了一席之地。图 219 中这一房间的装饰风格可追溯到法国文艺复兴时期，直线和直角的装饰元素在当时恢复了其至高无上的审美地位。

图 208　欧洲 14 至 15 世纪，用珠宝镶嵌的贵金属首饰。

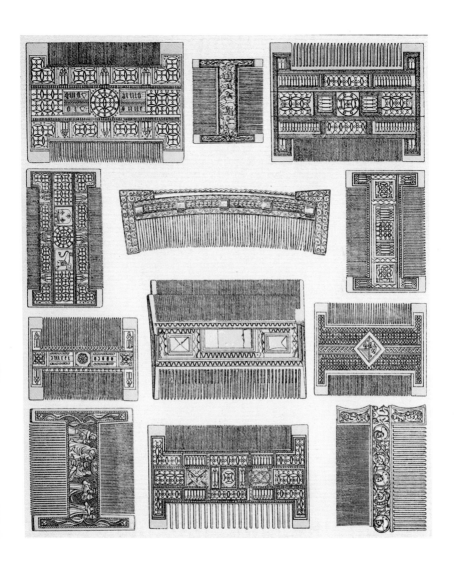

图 209 　由骨头、黄杨木、象牙制成的梳子，带有银饰和宝石装饰。

图 210　欧洲 15 至 16 世纪，钱袋和意大利式发型。

图 211　欧洲 14 至 15 世纪，家具。

图 212　欧洲 14 至 16 世纪，室内陈设物品。

图 213 欧洲 15 世纪，带锁的橱柜。

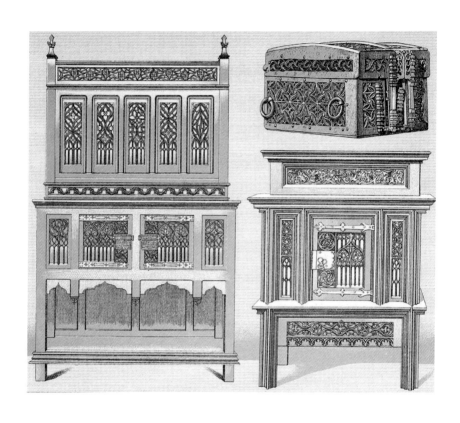

图 214　欧洲 15 世纪，箱子和餐具柜。

图215　15至16世纪的法国(莱茵河流域)和佛兰德斯室内布置。

图216 15世纪,佛兰德斯地区的卧室布局。

图 217　欧洲 15 至 16 世纪，室内的门、长凳等。

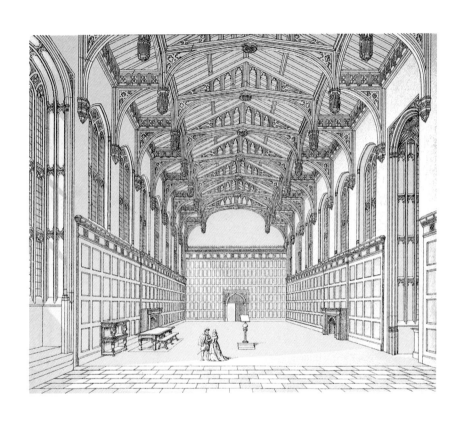

图 218　14 至 16 世纪，英国建筑的内部场景。

图 219　15 世纪，法国住宅的内部。

图 220　欧洲的壁炉。

4 15至17世纪的服饰

直到 12 世纪，一直被东方垄断的珍贵面料才进入卢卡、皮亚琴察、比萨和佛罗伦萨。15 世纪是极度奢华的时代，其顶峰出现在威尼斯贵族的生活中。

菲利普·德·科米纳（14 世纪法国政治活动家）记载，他访问威尼斯时，这座城市拥有 3 万只贡多拉轻型平底船。贡多拉的辉煌时代也是帆船的辉煌时代，因此这里的穷人几乎都以帆船桨手或是贡多拉船夫为业。为贵族或要员服务的船夫所穿服饰的种类异常繁多，其衣着显得华丽而优雅。威尼斯的贡多拉逐渐变成奢华的事物，以至于政府颁布了一项法令，除总督和外国大使外，任何人不得拥有比规定样式更为华丽的船只。如今，贡多拉船身上整齐划一的黑色油漆就出现在这项禁奢令颁布之后。（图 223）

意大利人从未接受哥特风格，而是一直保持着传统的罗马艺术风格。借助新近发现的维特鲁维（Vitruvius）的手稿，意大利人带着显而易见的满足感回归这些传统。建筑随即转向纤细、简单的风格（图 224）。生活变得轻松，人们相互信任，房屋失去防御性的必要。

14 世纪末期出现的社会风尚伴随着托斯卡纳的繁荣而产生。那时，人们的生活趋向于简单化，人们的着装大体相似，并不以服饰的颜色和做工来区分社会等级。在这一时期，女性的头发大多是金色的，既有天生的还有经过漂染的。女子多用饰有珍珠的天鹅绒丝带将头发挽起，或是戴上一种垂至肩头的细纱，或是带一种纱质的帕子。黑色天鹅绒女式礼服简洁朴素，剪裁得体，用长直的皮草镶边，领口和袖口饰以金色刺绣，这种服饰直到16世纪仍被当成风尚。（图225）

　　法国女性在装扮上一直追随着意大利的风尚。在法国，中世纪的服饰和其他一切事物，都随着路易十一的去世而终结了。金钱在商业场所间流动，时尚界的领袖们推动使用奢侈的饰品，以至于1485年，议会要求国王规范民众的着装。但是这些禁止奢侈的法令在十几年后便被人们遗忘了。女人们穿着宽大的内袍和外衣，拖在地上的裙裾让人不得不用手托着衣摆行走。这一时期女装的袖子出现了不同的样式，或宽大敞口，或窄幅收口，或前端分口，通过这些差异可以看出服饰的自由化在女装中得以显现，女性不必一定按照传统方式剪裁服装。

　　男性时装要比女性时装更新得快。意大利风格的服装取代了紧身、厚重、死板、完全不灵活的夹克衫；它们特殊的剪裁以及穿着时表现出来的略带戏剧化的慵懒风格令人赞赏。这种服饰形成了一种随性轻浮的风格。1505年前后，男人普遍蓄养长发，并偏爱戴上一顶时髦的帽子。（图230—233）

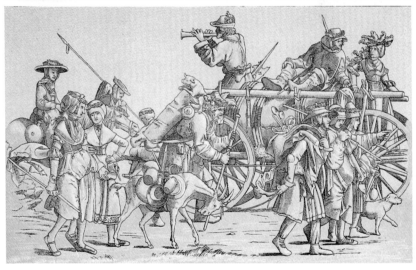

图 221　16 世纪，德国流行的服饰。

图 222　14 至 16 世纪，普通人的服饰和军装。

图 223　15 至 16 世纪，意大利威尼斯的贡多拉船夫；小矮人、宫廷小丑等的服饰。

图224 14至15世纪,意大利传统的罗马式风格的房屋。

图 225 14 至 16 世纪，意大利女性的服饰和发型。

图 226　15 世纪，意大利平民和宗教人士的服饰。

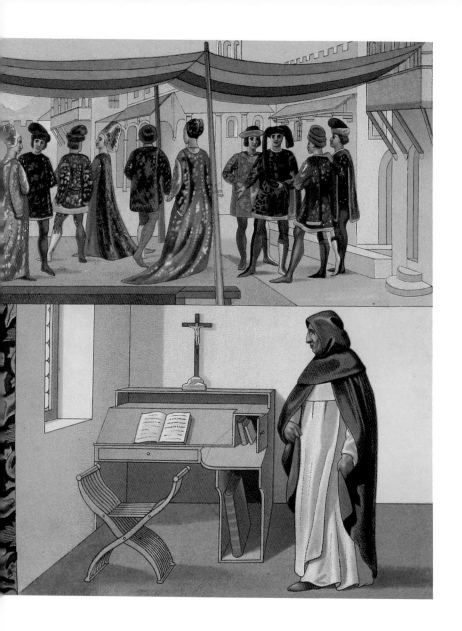

图 227　16 世纪初，意大利女性的服饰和发型。

图 228　15 至 16 世纪，欧洲庄园的内部。

图 229　15 至 16 世纪，法国女性的发饰和服饰。

图 230

图 230、图 231　15 世纪晚期，欧洲流行服饰。

图 231

图 232

图 232、图 233　15 至 16 世纪，欧洲华丽的服饰。

图 233

图 234　15 至 16 世纪，欧洲女性服饰上精致的装饰。

图 235　16 世纪，意大利女性服饰和头饰。

5 15 至 16 世纪的军队服饰

图 236 中显示了一个步兵的武器装备，包括手持火枪，一种在当时被认为是毫无骑士风度的武器。士兵军装的颜色和徽章是法国博韦城特有的。从这时起，剑刺逐渐变长，剑刃上的凹槽使其变得更轻更坚固。直到 15 世纪末，火炮取代其他武器成为唯一用来破坏堡垒城墙的利器。弗朗索瓦一世像前任国王一样，拥有当时最为强大的火炮力量。在马里尼亚诺战役（1515 年）中，集结了 64 门火炮，这个数字在当时十分惊人。根据口径的不同，这些火炮可分为加农炮、双管加农炮，等等，不一而足。同时这些火炮配有出色的炮手。

查理八世于 1496 年创建一支由瑞士士兵组成的百人国王卫队，这支卫队的任务是持戟行进接受国王检阅。只有在亨利二世统治时期，国王卫队改用黑白相间的制服。

路易十二的一大功绩是让贵族加入步兵团。1507 年，路易十二组建了皮埃蒙特兵团。弗朗索瓦一世军队中最早的连队就是以此为基础组建的，并由诸如瑞士雇佣兵和某些意大利兵团来加以强化。关于军队的制服，还没有人想过将其系统化。在某些情况下，制服的颜色是各个军团的唯一标志。瑞士雇佣兵已经在查理八世统治时效忠于法国，并占其步兵团的很大一部分。路易十二拥有多达一万六千人的军队。

至于骑兵（图 238）装备的变化在宗教战争的头几年已经开始

显现。如手枪的广泛应用，使得骑手逐步取消腿部的护甲，而马匹也去掉了皮革或金属铠甲。

步兵团的组建始于查理九世统治时期。法国第一批火枪手出现在1572年。火枪只在口径和弹药上有所不同。图244中出现的两种骑兵的装束，一种属于早期样式，另一种则是16世纪晚期的样式。第一个是查理五世国王，第二个是选帝侯克里斯蒂安二世。皇帝的盔甲总重量为86.94公斤。

直到1570年左右，骑兵的全套盔甲才得到完备（图241、242、243）。骑兵头盔是一个连续的整体，装有一个面甲。裙甲被一种钟形盔甲所取代，外面覆盖一件厚而圆的褶皱布裙。这一时期的胸甲，胸部中央高于其他部分，使得腰部收紧。亨利三世统治下的法国宪兵队所穿的就是这种胸甲。到15世纪末，欧洲人意识到骑兵只有轻便才能更有战斗力。因此，从战马的铠甲开始，骑兵的装备逐渐减去妨碍行动的金属部件，以寻求更轻的重量。

图 236

图 236、图 237　15 至 16 世纪，法国士兵的军装和武器。

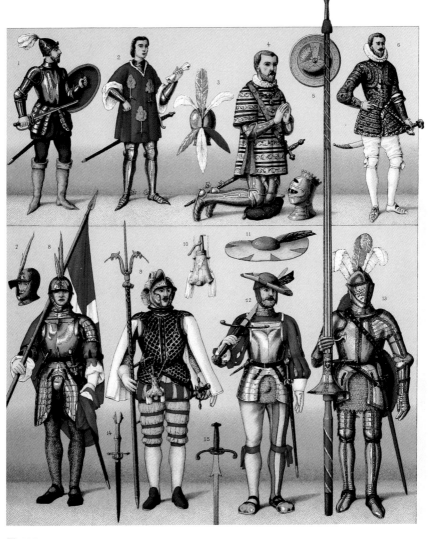

图 237

图 238　16 世纪，路易十二、弗朗索瓦一世统治时期士兵的服饰和武器。

图 239 16 世纪，国王卫队的服饰和武器。

图240 16世纪，亨利二世和查理九世统治时期，长矛兵、火绳枪兵、
雇佣兵、骑兵、火枪手、鼓手、长笛手、仆人和瑞士炮兵。

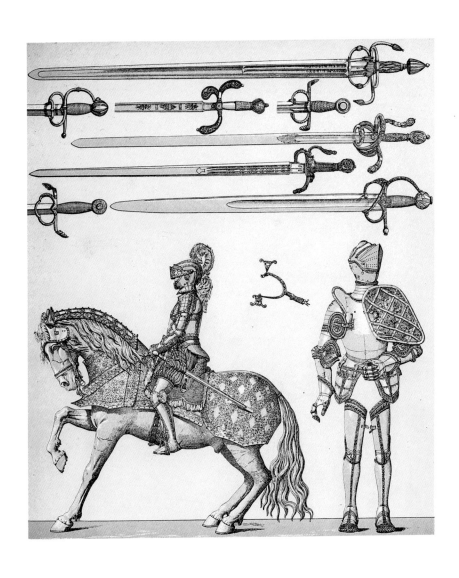

图 241　16 世纪，西班牙骑兵的盔甲和武器。

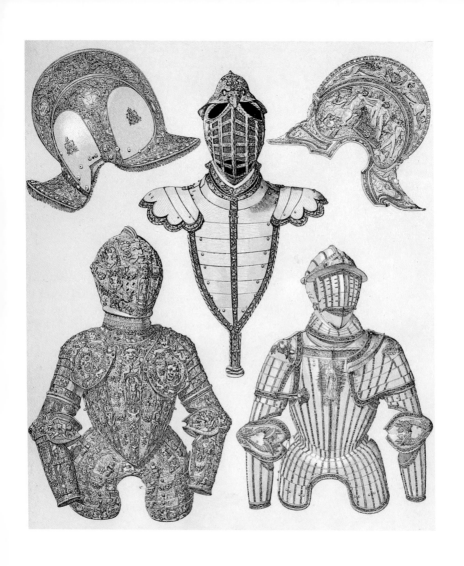

图 242　16 世纪，西班牙骑兵的盔甲。

图 243　16 世纪，骑兵的服饰和进攻防御性武器。

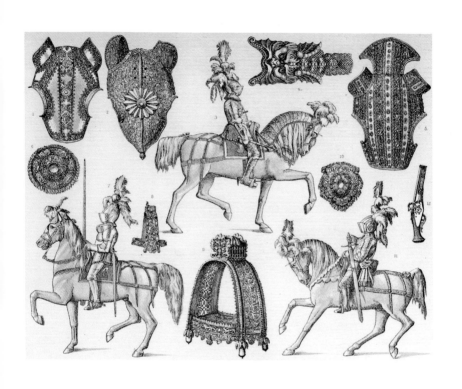

图244　16世纪，骑兵的盔甲和战马的装饰。

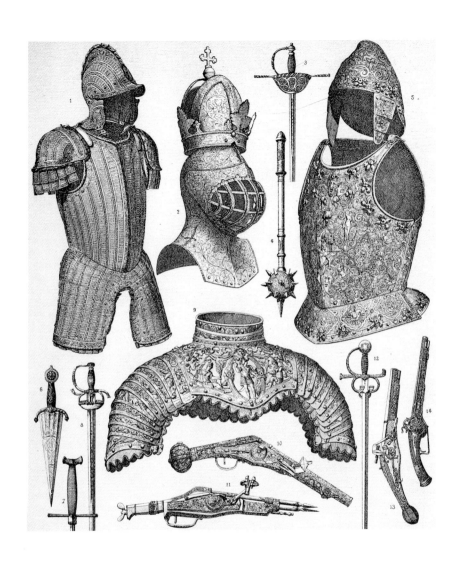

图 245　16 世纪，骑兵的盔甲和武器。

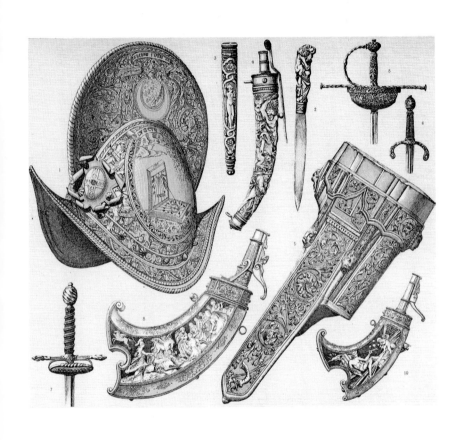

图 246　16 世纪，头盔和各式武器。

6 16 至 17 世纪的服饰和家具

在 16 世纪的大部分时间里，女性服装最显著的特点是挤压腹部撑起胸部以获得纤细的腰。这样，衣服自腰带处就形成了上下两个独立的凸面。这一时期的礼服，下半部形似钟铃，其边缘直拖到地面。这还不是亨利三世统治时期流行的鱼骨紧身胸衣。从图247 中，我们可以看到类似肩章的装饰重新出现，这为 16 世纪下半叶连衣裙的变化提供了新的样貌。我们还能看到由凯瑟琳·德·美第奇设计的立领（或者称美第奇领），以及与男性上衣越来越相似的女士紧身衣。在意大利文化品位的影响下，头饰不再华丽。意大利妇女通过穿厚底鞋来提升高度。

自从查理七世以来，法国人对意大利时尚的热爱已经使法国服装"去法国化"，这种情况直到凯瑟琳·德·美第奇从佛罗伦萨来到法国后，才有所改变。这位未来的王后在法国时装的模仿"事业"中表现出了区别意大利时装的独立性，法国女士很快便效仿起来。凯瑟琳王后的穿着与意大利人截然不同。她通常在由相同材质的白色紧身胸衣搭配紧身长裙组成的长袍之上，穿一件开襟长外套。（图249）

这是法国女性赢得欧洲时尚话语权的时期。那些引领时尚的高贵女性，对于服装（图250）的华丽不再限于彰显富有。从西班牙舶来的环形衬裙在法国蓬勃发展，它使得礼服底部的周长可以膨胀到8 到 10 英尺（约 2 到 3 米）。皇室和贵族的服饰（图251、252）使用奢华的面料，并加入极其复杂的裁剪工艺，其制作成本远高出材料成本数倍。珠缀工艺几乎成为法国的民族艺术，并不断创新。金银线不仅编织成网格和蕾丝花边，更可织成无比轻盈的绉布。

亨利二世常穿带有金色绲边黑白配色的礼服。自他那个时代起，路德派教徒开始推崇深色服饰。天主教徒鼓励苦行，严格节制消费，也选取了深色作为衣饰的主色调。黑色对亨利三世来说是最好的颜色，可以凸显出他那苍白的面孔，一度成为法国的流行色（图252）。当时流行敷白铅粉，亨利三世亦热衷于此。

当时，皇家军队（图258、285）尤其是步兵的着装非常混乱，政府分别于1574年、1579年、1584年颁布法令试图纠正这种混乱，但收效不大。法令规定长官仅可以穿着带有金银材质的布或丝绸制成的军装。那些鲜艳的色彩则被认为是合法的，因此在同一个人身上能找到8到10种颜色。

刺绣工艺在16世纪后半叶女性紧身服饰的发展中起到了重要作用。女式围领，或称飞边（音译为拉夫领，其语源是牛犊脖子处的皱褶）变得越来越流行。它的直径不断增长，犹如磨坊的水车轮，其层数从3层上升至5层，遮住肩膀垂至胸前，如此一来便看不出人体的形态。飞边和紧身衣使得穿着者要保持脖子至腰部的挺拔，向后延伸的裙袍完全遮住了脚，足以掩饰脚上的厚底鞋；裙摆被支撑起来，各色的衬裙得以露出（贵族和资产阶级妇女在参加正式场合时需要这样穿戴），这种衣着要求女人必须掌握一种全新的举止技巧。1575年左右，这些时尚的衣装走向极致的顶点，飞边的围度达到了空前的尺寸（图259）。在这之后扇形的立式领子取代了传统飞边，这种领子从礼服的领口处折叠竖起。袖口也采用飞边的样式，只不过缩小而已。欧洲西部国家的服饰到了 16 世纪末期才渐趋统一（图 260）。

图 266 显示了 1590 年发生在巴黎的反对"天主教同盟"游行时民众的服饰，当时亨利四世正与"天主教同盟"争夺巴黎的所有权。持续的斗争和贫困影响了人们的服装。奢侈在巴黎几乎被禁止。有钱人也放弃了对华丽服装的追求。

15 世纪，教会法衣的样式被逐步固定，只在某些物品的样式和剪裁方式上加以区别（图 267）。因此，白麻长袍不再缀以彩色装饰，并延长至脚面。十字褡大多裁去袖子，下摆变圆，饰有丰富精致的图案。枢机主教全身红色的服饰源于教皇博尼费斯执教时期，并延续至今。而在德国，资产阶级仍在很大程度上热衷于舒适、宽大和简单的衣服，用料结实而朴素。当然，在另一些穿着考究的人中，仍能看到异国服饰的影响。

床的形制在 14 世纪左右得以固定。15 世纪，对于床的装饰变得越来越豪华，其所占空间也越来越大。枫丹白露画派对法国家具产生巨大的影响（图 273-281）。

16 世纪的英国，贵族庄园房间内的顶部多绘制凯尔特式的曲线图案（图 282），墙壁则多为意大利风格的装饰，这种风格在 16 世纪备受青睐，一直延续到 17 世纪早期；这一时期的风格被称为伊丽莎白式，它可直接追溯到 1509 年出现的著名的都铎式风格。英国城堡的主厅大都设有专门的乐师阳台（图 283）。乐手、女性和访客均可在这里落座。

图 286 中展示了两个用于存放餐具和桌布等物品的法式橱柜。在 16 世纪和 17 世纪早期，法国人十分喜爱木雕家具。

图 247　16 世纪末，法国、意大利贵族女性的服饰。

图 248　16 世纪，法国、英国和意大利女性的服饰。

图 249　16 世纪，士兵的服饰（上）；女性礼服（下）。

图 250　16 至 17 世纪，资产阶级自卫队（上）；贵族女性服饰（下）。

图 251　16 世纪，法国贵族的服饰。

图 252　查理九世、亨利三世统治时期的流行服装。

图 253 德国莱茵盆地人们的服饰。

图 254　16 世纪，莱茵盆地，王子、猎人、贵族子弟、瑞士骑士和步兵鼓手等的服饰。

图 255　16 世纪，德国和荷兰的马术服饰。

图 256　16 世纪，亨利三世统治时期，贵族和资产阶级的日常服饰及丧服。

图 257　16 世纪，法国贵族、侍从和平民的服饰。

图 258　16 世纪，亨利三世统治时期士兵的军装。

图 259

图 259、图 260　16 至 17 世纪，欧洲贵族女性和资产阶级女性的时尚服饰。

图 260

图 261　16 世纪，男性、女性和军官的服饰。

图 262　16 至 17 世纪，德国女性服饰及上流社会的婚礼服。

图 263　16 至 17 世纪，比利时、法国、葡萄牙、佛罗伦萨、米兰地区的服饰。

图 264　16 至 17 世纪的怀表。

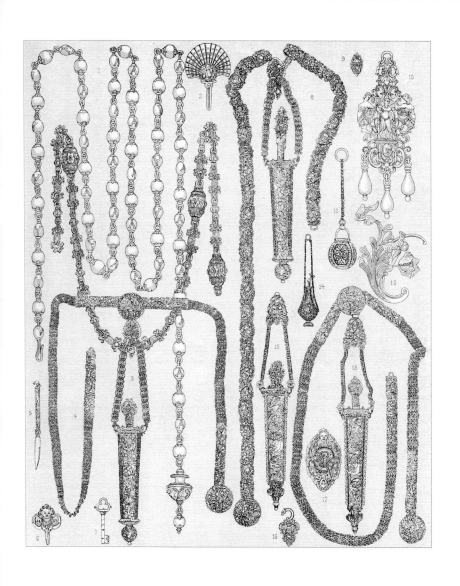

图 265　16 至 17 世纪，珠宝首饰。

图 266　16 世纪，各个阶层的服饰。

图 267　16 世纪，宗教人士的服饰。

图 268　16 世纪，皇帝的服饰和配饰（上）；贵族和资产阶级的服饰（下）。

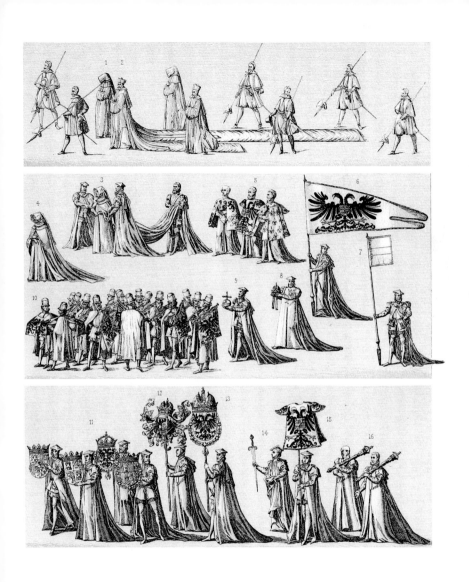

图 269　16 世纪，天主教王子的葬礼。

图 270　16 世纪，意大利、荷兰女性的服饰。

图 271　16 世纪后半叶，威尼斯人华贵的服饰。

图 272　16 世纪，主要交通工具（上）；罗马贵妇、威尼斯交际花的服饰（下）。

图 273

图 273、图 274 16 世纪，枫丹白露宫的大厅。

图 274

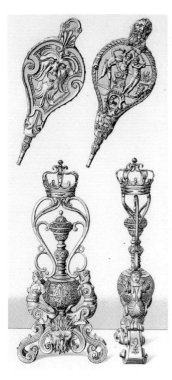

图 275　16 世纪，枫丹白露宫的壁炉。

图 276　16 世纪，王室的卧室装饰。

图 277　16 世纪，法式家具。

图 278　16 世纪，衣柜、嫁妆箱。

图 279 16 世纪，火炉和衣柜。

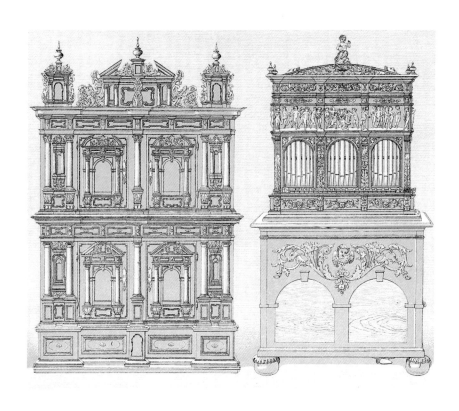

图 280　16 世纪，橱柜和室内风琴。

图 281　16 世纪，王座、凳子、小橱柜等。

图 282 16 世纪，英国男爵住宅的会客厅。

图 283　17 世纪早期，英国男爵的住宅。

图 284　伊丽莎白一世统治时期，英国男爵住宅内的餐厅。

图 285　16 至 17 世纪，查理九世、亨利三世、亨利四世、路易十三统治时期士兵的军
装和武器。

图 286　16 至 17 世纪，法式橱柜。

图 287　16 至 17 世纪，家具。

图 288　16 至 17 世纪，唱诗班的座席和画框。

图 289　16 至 17 世纪，家用物品。

图 290　16 至 17 世纪，各种器皿和烛台。

图 291　16 至 17 世纪，雕花玻璃器皿。

图 292　16 至 17 世纪，交通工具。

图 293 16 至 17 世纪，亨利四世时期贵族的服饰。

DIRCK HALS – VAN DALEN

图 294　17 世纪，名人沙龙的场景。

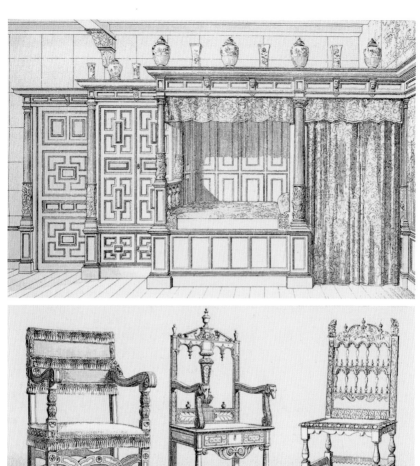

图 295　16 至 17 世纪，佛兰德斯式床和椅子。

图 296 16 至 17 世纪，卧室内的生活场景。

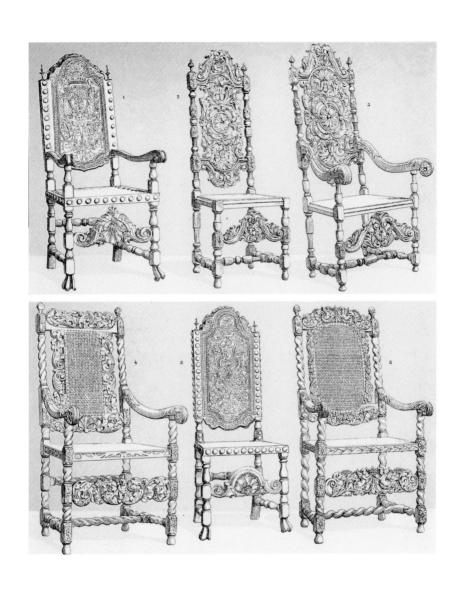

图 297　17 世纪，法式家具。

图 298　17 世纪，家用物品。

图 299 17 世纪，华丽的物品。

7　17世纪：荷兰和法国

17世纪30年代的荷兰，人们仍然穿着带有美观、挺立、多褶围领的上衣。之后，人们不再给细棉布上浆，飞边式的领口变得柔软，垂在紧身上衣的胸肩部位。从地理和政治来看，荷兰长期与欧洲保持着距离，它的独立使得其服饰、风俗与欧洲中部有着较大差异（图302、304）。

17世纪早期荷兰的室内装饰（图300），还未出现奇特的迹象，中国式的风格刚刚传到荷兰。在家具方面，此时还完全是欧式风格。图301中可以看出一座植物迷宫，背景则是一个小镇。这座迷宫虽没有后世建筑中的迷宫那般宏大，但从角树篱墙和大理石雕像来看，却也体现出资产阶级的精巧用心。

在荷兰，为贵族骑士送葬的习俗可追溯至中世纪。在这浩荡的送葬队伍中，手持武器的分队走在最前方，宣令官则带领由持旗者、牵马者和马匹组成的队伍紧随其后，乐手穿插其中。这一固定的模式延续至17世纪。

在17世纪的法国，卧室是独特的活动空间。图303展示了路易十三时期的卧室。用挂毯装饰墙壁的习俗源自中世纪，事实上也是必要的，可以遮盖粗糙的墙面，至于不合理的门窗则显示出这一时期建筑的随性和多变。图中有一张方形的床，它的天篷上有流苏帷幔，挂在竖立的所罗门样式的柱子上。左边是一个类似书柜或书桌的家具，这两个在当时相当普遍。图中女子的服饰是法国 17 世纪 30 年代典型的样式。

　　这时的服装更为复杂，无论是男装还是女装。如果一位绅士穿着狩猎服装，这与他的实际活动也许并无关联。人们只是为了炫耀而穿着奇装异服，觉得那才是时尚。不管是不是骑手，人们都会穿上靴子以彰显优雅的格调。男士将服装的展示与想要给女性留下深刻印象的心理结合在一起，他们认为"猎人"是女性的理想对象。对女性而言，曾经像扇子一样在脑后展开的衣领，在 1635 年左右一下子出现在肩膀上，这就是所谓的"空颈"装。女性的脖子终于从拉夫领和美第奇领的皱褶中显露出来。1634 年法国曾颁布一项法令禁止在服装中使用饰带、金银刺绣、流苏等装饰物；服装获得了一种高雅的节制。丝带被其他装饰物取代，衣服的用料也倾向于中性或深色的平纹布（图 308）。

　　路易十三统治时期的时尚变迁因首相黎塞留推行的禁奢令而加速。该法令的根本其目的不是禁止华丽的服装，而是确保花在服装上的钱留在法国，因为黄金和丝绸制品大多从米兰进口，它们曾在 1620 年被禁止过，到了 1629 年，人们又开始从佛兰德斯、热那亚和威尼斯进口纺织品。法令引发的改革在很大程度上通过抑制服装的奢华来提升品质和优雅。女性的步态不再受到大的拘束，身体的摆动恢复了自然的优雅。她们逐渐摆脱了沉重僵硬的礼服、褶皱的衣领、又高又重的靴子和头巾式的女帽。当时，在一些追求完美的女士看来，她们需要专门的理发师。这一职业的出现成了时尚史的分水岭。对于一位优雅的女士来说，理发师代替了从早到晚负责为自己整理头发的女仆。

图 309 显示了路易十三统治时期民间拟定婚约的场景。男士普遍蓄须，上衣带有华夫领，帽子多为低顶样式，外套是极为流行大披风。女士衣着中则出现了方形翻领和用铜线支撑的圆领；她们的长袍有着蓬大的袖子，已显出几分过时。

在 16 世纪，农民是不被重视的阶层（图 311）。他们的衣服多是由粗布缝制的，颜色单一。劳动时，农妇会将裙裾掖在马缰绳改做的腰带上。白色围裙不仅是工作服，也是半正式的服装。如果缀上蕾丝，足以成为值得炫耀的装束。男人的衣服上很少使用纽扣，大多数人穿着下摆两侧开衩的短款束腰外衣，腰间系腰带。他们的斗篷很短，帽子则是用稻草或毛毡制作而成。

图 300　17 世纪上半叶，荷兰人的日常生活场景。

图 301　17 世纪荷兰，马车、男士、迷宫、理发师和机械钟。

图 302　1630—1660 年，荷兰贵族和资产阶级的服饰。

图 303　法国 17 世纪，路易十三统治时期的卧室场景。

图 304 17 世纪初，荷兰普通人和官兵的服饰 。

图 305　17 世纪，法国和佛兰德斯的室内生活场景。

图 306　17 世纪的荷兰，一位贵族骑士的葬礼。

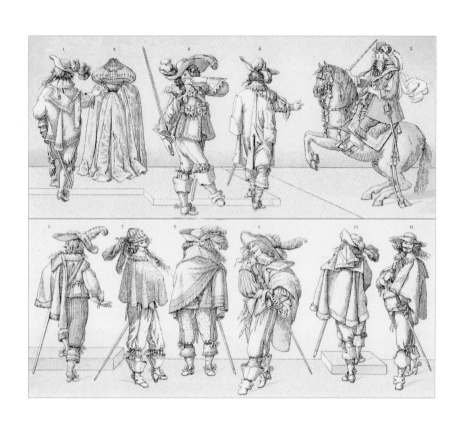

图 307　17 世纪，贵族和骑士的服饰。

图 308　17 世纪，路易十三统治时期贵族和资产阶级的服饰。

图 309　17 世纪，路易十三统治时期的法国时装及拟定婚约的场景。

图 310　17 世纪法国，路易十三、路易十四统治时期贵重的饰品。

图 311　17 世纪，农民收割的场景（上）；结婚队伍（中）；跳布朗利舞蹈的人们（下）。

8 17世纪修士、市民和军人服饰

16世纪的宗教改革对德国人服饰的影响巨大而独特。但随着17世纪法国时尚的流入，其原本的严肃性有所淡化。路德教提倡的严肃而优雅的着装风格被取代，人们的衣着迅速沦为粗放的炫耀。对新时尚的狂热主要发生在男性身上，女性的品位则改变得比较慢，新款式的服饰缓慢地进入她们的衣橱。德国出现了新款长袍，它是奥地利的安妮（1601—1666，法王路易十三的王后）钟爱的三角形披肩与款式各异的毛皮头饰相结合的产物（图316）。查理一世统治英国的时期（图317），地位高或财力厚的女士追随法国的时尚，以至于可以将这两个国家的服装视为一体。法国的禁奢令同样推动了英国服装的改革，就像推动佛兰德斯服饰的改革一样。法国人格调的改变是被迫的，他们对朴素的追求为他们邻居所接受，这些地区的人仿佛也是被迫进行改变。贵族妇女只有在庄重的场合才会穿露肩的礼服。（图320）

在斯特拉斯堡，一部分德意志妇女的服饰趋势是缩短裙子，这样一来可以露出有着高跟的鞋子，脚也显露出来。起初，妇女们发现穿这样的鞋走路很困难。然而，到了17世纪中期，高跟鞋已经从无到有发展了50多年的时间。图318中，有的女性佩戴了一种蘑菇状的装饰物，它原是荷兰人的一种装饰，17世纪时传遍了整个德国北部，最终成了资产阶级女性的标识物。

法国卫兵团始建于1563年，1573年时一度取消，此后一直延续到1789年。在路易十三之前,国家既不提供武器也不提供军装。1664年,法国卫兵团开始穿着统一的制服,但每个连队的服装又有不尽相同的规范。1670年,国王出资为军队提供制服。这套制服包括一件织有银线的灰白色短上衣。其肩膀不同颜色的丝带(肩章的最初形式)指明了士兵所属的连队。1691年,法国卫兵团统一穿着蓝色制服。1697年签订《里斯维克和约》之后,法国军队制服再次改进,开始呈现出现今人们所认为的军装形式。士兵的衣服主要是蓝色的,并附有突出的红色,上衣缀有金属纽扣。路易十四统治时期兵种的主要创新是设立了掷弹兵,这些士兵接受过专门的投掷训练。步兵的武器中则出现了双刃刺刀。1683年弹药筒研制成功,意味着士兵可以减轻子弹的负荷。1698年到1700年,旧式火枪被燧发枪所取代。(图322、324)

图 312

图 312、图 313　17 世纪，意大利宗教服饰。

图 313

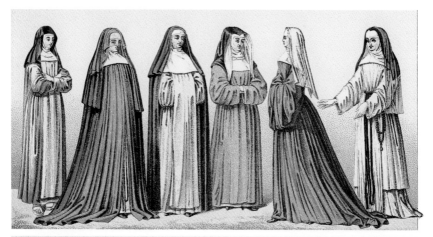

图 314

图 314、图 315　17 世纪，法国女子宗教服饰。

图 315

图 316　17 世纪，德国各阶层人物的服饰。

图 317　1642—1649 年，英国女性的服饰 。

图 318

图 318、图 319　1640－1650 年，英国、德国、法国的贵妇和资产阶级女性的服饰。

图 319

图 320 1646—1670 年，法国贵族服饰。

图 321　17 世纪，法国华丽的饰品。

图 322　17 至 18 世纪，法国军队的服饰。

图 323　17 世纪，法国会议厅内的场景。

图 324　1660—1690 年，法国军队的服饰。

9 17世纪的家具和交通工具

路易十四统治时期制作的橱柜，因其繁复的装饰，使人对这一时期的审美品位产生怀疑，因此其各方面的价值都不如路易十三时期的橱柜。1689年，路易十四下令销毁由贵重金属制成的家具，同时为了证明自己的决心，他献出了其所有的大批银器，此后，这类贵重金属制成的家具在法国就很少见到了。从文艺复兴时期到路易十五统治后期，宫殿里的某些壁龛因其独特的构形、奢华的材料和高度的装饰功能成为空间设计领域名副其实的里程碑。皇家或意式壁龛不仅仅是墙上的一个凹面，而是用柱子和隔墙在第一个房间的基础上隔成的第二个房间。图326所示，镶板被涂成白色，点缀镀金纹饰，一般不会覆盖整面墙。图327展示了当时富人的房子是如何被分隔成大小房间的——在芒萨尔（建筑师）的影响下，路易十四时期的建筑达到了富丽堂皇的顶峰。

荷兰的造船技术久负盛名，精湛的工艺让其成为整个欧洲的造船商（图329）。路易十四通过荷兰造船厂为他的舰队补给船只，使屡受海难打击的舰队恢复了元气。

图 325 17 世纪，法国橱柜。

图 326　17 世纪，法国壁龛。

图 327　17 世纪，法国住宅内的场景和扶手椅。

图 328　17 世纪，女王出行的场景。

图 329 17 世纪，欧洲运输工具。

10 17至18世纪民众的服饰和家具

　　法国人在17世纪后半叶的穿衣方式奠定了现代服装的基础（图330）。路易十四时代的服饰其特别之处在于：尺寸各异并有羽毛镶边的礼帽，长度不一的假发，醒目的领结，以及几乎与外套等长的紧身上衣。另一个特点是外套袖口上的宽边。高跟鞋仍是主流，但鞋颈加长，使鞋子看起来更像中筒靴。当时流行一种看法，认为长发更能提升男性的俊美和尊严，于是卷曲的假发越来越长，几乎垂至腰部。在那个时代的画像中，每个人都佩戴假发，无论黄口小儿还是八旬老者。条纹或色彩斑驳的长筒袜逐渐被纯色取代，通常在小腿位置织入金线的装饰。棉质长袜的生产始于1684年。

　　图331展示了国王穿着睡衣、头戴睡帽、足蹬便鞋的形象。国王的穿着形成一种风尚，即在早晨穿着睡衣、头戴短假发或睡帽接待客人。睡帽或假发是必不可少的，即使剃了头发，也能从容地出门。

　　图332中展示的服饰出现在路易十四统治的后半期。尽管受到了曼特侬夫人（路易十四的第二个妻子）的严厉批评，当时的女性服装仍然比较奢华。斗篷由以前的外裙演变而来，给穿着者带来前所未有的轻松和自由。这一时期的服装，整体轮廓以竖向的线条为主，可以将女性的身材拉高。（图333、334）

　　在威尼斯，简朴的服饰传统突然发生了改变（图337），其服饰风格不禁让人觉得威尼斯是路易十四统治下的一个地方行省。

在 17 世纪末 18 世纪初，日耳曼宫廷的服饰成为法国宫廷的翻版；法国时装已然征服了整个欧洲（图 338）。

图 340 展示了法国普通劳动者的服装——半长袍外加束腰带；此外还有两位舞者的装束。17 世纪，法国人与生俱来的舞蹈天赋使他们发明了许多新的舞步，其中还融合了一些来自外国的舞步。小步舞、帕瓦内舞、帕萨卡里亚舞、恰空舞、库兰特舞、萨拉班德舞和加伏特舞在当时颇为流行。

这一时期，骑士勋章的变化不大，但其已不再是宗教意义上的军事勋章。无论是古代还是现代，君主们都用骑士勋章来奖掖于国有功的人。骑士勋章的形制大多是在特殊的绶带上镶嵌一颗宝石（图 342）。

图 330　17 世纪，法国贵族的服饰。

图 331　17 至 18 世纪，法国的帽子、服饰。

图 332　17 世纪，法国贵妇的服饰。

图 333　17 世纪末至 18 世纪初，法国上层社会的女性服饰。

图 334　17 世纪末，法国女性时装。

图 335　17 世纪，法国上层社会家庭的书房。

图 336　17 世纪末至 18 世纪初，雕花的柱基和鼻烟研磨器。

图 337　威尼斯平民和贵族的服饰。

图 338　17 至 18 世纪初，具有法国宫廷服饰特点的德国宫廷服饰。

图 339　17 至 18 世纪，男性胡须、头发、假发的演变。

图 340　1667—1677 年，工人、织锦匠；贵族舞会的礼服。

图 341　17 世纪，宫廷礼服。

421

图 342　17 至 18 世纪，欧洲骑士的服饰。

图 343　17 世纪，欧洲餐厅内的场景和精致豪华的餐具。

11　18世纪的民用和军用服饰、家具

　　这一时期，三角帽的改变多在帽檐部位，即用不同的翻折方式使帽子看起来更高或更大（图 344）。1710 年左右，男女的套装形成了固定的标准版型。衣服开始按着腰背部的曲线塑形，使用鲸须来固定背部以下的曲线走向（图 345）。为了使臀部两侧蓬松，人们在臀部上方增加了五六个褶皱，这些褶皱在向下延伸时逐渐舒展变宽，这样便可以突出背部的曲线。1719 年开始，人们使用纸或马鬃固定这些褶皱，随即又将褶皱移至后背，并将背部边缘加以固定。此时，资产阶级大多穿着粗布、毛呢等材质的衣服，在不同季节也会穿着羽纱和毛衣。大约在 1750 年，人们开始倾向于在正式场合穿着黑色服装。人们依照传统，手持帽子或是将其夹在腋下，这样既能保护假发，又能维护社交形象。

　　图 345 中还有两位穿着裙撑的女性。这是一种塑形装置，先用鲸须、藤条或轻质木材制成半径不一的圆环，再用丝带绑在一起，类似鸡笼的形状。这种"箍裙"在社会各个阶层迅速传播。但在沙龙、剧场、舞池、尤其是在马车里，这种裙装显得极为尴尬，因为人们不能正常就座，不能往来穿梭，甚至不能挽手同行。

　　图 346 中，可以见到几款披肩，还有一种末端收口的头巾。18 世纪早期，人们偏爱柔软宽松的衣服，并非目前又硬又紧的衣服。1729 年，男士上装的两侧和后面逐渐膨胀，形成裙撑的效果。夹克（或马甲）在穿着时敞开胸前的扣子，用以展示衬衫和领结，

当时尚不再是追求华丽之时，美的内涵也随之改变。

　　法式风格最初是贵族们的专利，但随时间的推移，逐步扩散到资产阶级。英国人在18世纪末期首先摆脱了欧洲大陆服饰的束缚，努力在服装中体现出本民族的独创性。英国人的做法很快在法国掀起了"英国热"，法国此时遭受了一场真正的时尚入侵。图356栩栩如生地展示了英国人室内的陈列品，当时的英国在海外建立了许多盈利可观的贸易站。

　　此时的军事装备（图359）中，骑兵不仅配备了长剑，还配备了大口径短枪、卡宾枪和手枪。直到1772年，骑兵乐手才有了正式服装。根据1772年的法令，全军必须穿象征皇家的蓝色制服，其特征是缀以白色装饰物（图360）。从路易十四时代开始，蓝色和红色便成为皇家军团的主色。长外套、高三角帽、长靴和披风，是骑兵的显著标志，一直沿用至1757年（图361）。1725年，火枪手连队根据战马的颜色分为灰色火枪手和黑色火枪手（图362）。路易十五统治的早期，军队的服装几乎没有变化。紧身的马裤、宽大的上衣和高高的三角帽都是惯例。只能依靠服装的颜色和衬里区分不同的兵团。（图363）

　　路易十六统治时期，法国时尚经历了三个截然不同的阶段。第一阶段以奢侈、轻浮和铺张为标志。此时的人们头戴高高的饰物，梳着前所未见的巨大发髻（图366、367）。第二阶段回归简单。女人们穿着紧身连衣裙，头发的样式也比较简单，并搭相应的头粉（图368、371）。第三个阶段的服饰受到美国和英国的影响。此时的女性开始穿骑士外套、马甲，头戴男士帽子，并且手持细杖或马鞭，

这是一种非常男性化的穿衣风格。（图371）

路易十六时期的家具给人的印象是简洁美观。这一时期，橱柜制作工艺正处于变革之中。一方面，人们厌倦了先前夸张的复杂风格，另一方面，人们的审美品位随着庞贝古城的发现而觉醒。这个时期的木雕多被漆成灰色、柳青色，或在灰色上镀金色加以美饰。（图369、图370、图372、图373）

图 344　18 世纪，法国男士的三角帽。

图 345 18 世纪，法国女性穿着的套装和男性穿的紧身外衣、马裤。

图 346　18 世纪上半叶，法国时装。

图 347　18 世纪，法国贵族、资产阶级和普通人的服饰。

图 348　1760 年，法国，衣帽间的场景和人物的服饰。

图 349 1720—1789 年，法国女性的服饰。

图 350　1735—1755 年的法国，上层社会的服饰（上）；女裁缝（下）。

图 351　1739—1749 年，法国资产阶级的生活场景。

图 352 18 世纪下半叶，法国，客厅内的家具。

图 353　18 世纪，资产阶级家庭使用的家具。

图 354　17 至 18 世纪，欧洲青铜烛台和剪烛芯用的剪刀。

图 355　18 世纪，英国资产阶级家庭的生活场景。

图 356 18 世纪，英国贵族欢聚时的场景。

图 357　17 至 18 世纪，英国宗教团体集会的场景（上）；英国资产阶级家庭的生活场景（下）

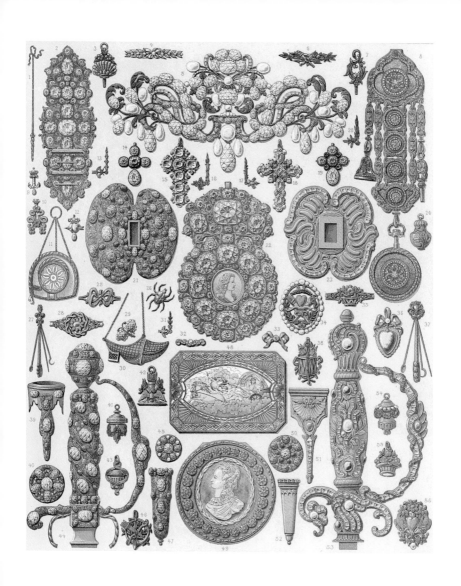

图 358　18 世纪，法国珠宝首饰和生活用品。

图 359　1724—1745 年，路易十五统治时期法国的军事服饰和武器装备。

图 360　18 世纪，法国的骑兵乐队。

图 361　18 世纪上半叶，法国骑兵的服饰。

图 362　18 世纪上半叶，法国士兵的服饰。

图 363　1724—1786 年，法国卫兵和瑞士卫兵。

图 364 1786—1792 年，法国海军。

图 365　1756—1763 年，德国军装。

图 366　1774—1785 年，法国女性奢华的服饰。

图 367　18 世纪，路易十六统治时期法国时尚的第一阶段。

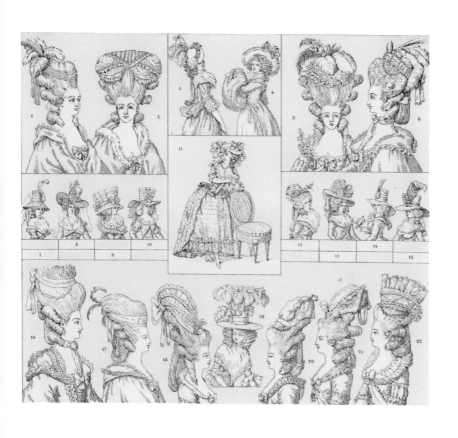

图 368　18 世纪，路易十六统治时期法国时尚的第二阶段。

图 369　18 世纪，法国枫丹白露宫内部。

图 370　18 世纪，法国路易十六统治时期的家具。

图 371　18 世纪，路易十六统治时期法国时尚的第二阶段、第三阶段。

图 372　18 世纪，法国家庭常用物品。

图 373　18 世纪，法国烛台、轿子和青铜雕花桌子。

图 374 18 世纪，法国家庭浴室场景和女性、儿童的假发样式。

图 375　1787—1792 年，路易十六统治时期的女性服饰。

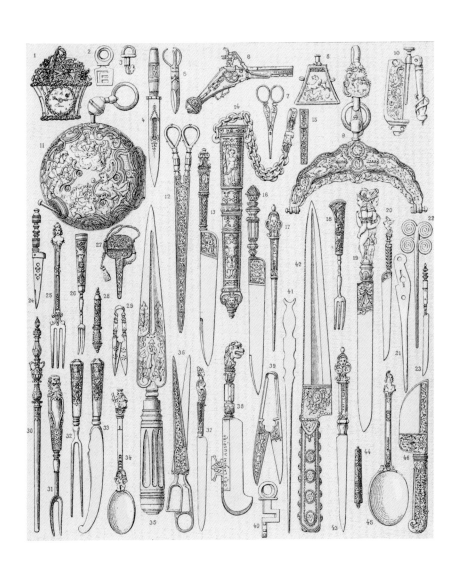

图 376　15 至 19 世纪，欧洲各种餐具。

图 377　1792—1793 年，法国军事服饰和武器。

图 378　1794 年，法国乡村生活场景。

12　18至19世纪男女服装和头饰

　　图379展示了1794年至1800年间，女士连衣裙在长度和装饰上的不断变化。1794年以前，女性服装主要的变化是在材质上，印花棉布取代了丝绸。1796年，女性服装突然从裙撑、长款紧身胸衣、紧身礼服中解放出来，更多的人选择穿宽松的长裙，且多使用柔和颜色的布料，犹以白色最多。这种长裙只在腰部系带，穿着十分舒适。但很快，其就被另一款紧身长袍所取代，该长袍只在胸部收紧，多配以古希腊风格的发型。这种发型来自古希腊雕像，其特征是将颈部后面的头发剪短，但其流行的时间并不长（图380）。随着人们对古希腊和古罗马事物的兴趣日渐浓厚，短而卷曲的发式开始流行。从那时起，人们就不再戴假发了，而是选择染发。轻薄的紧身长袍，胸下系一条细长的腰带，外搭一件简单的长款麻料衬衫，这种穿搭让女人的魅力恣意绽放。

　　法国督政府时期（1795—1799），人们对舞蹈的喜爱达到了狂热的地步，尤其钟爱源自德国的华尔兹。跳舞时女人们穿着薄而透的轻纱，犹如"旋转的陀螺"。舞蹈演员的服装也是越来越轻薄；他们露出臂膀，紧接着连脚和腿也裸露出来（图381）。女士穿着带有细长鞋带的凉鞋，粉色的丝绸长裤紧裹双腿，外穿一条浅色连衣裙，这些成为舞者的特征。女士服装上的口袋被去掉了，这导致扇子只能别在腰间，钱包则挂在胸前。男士的服装以宽大的领结和方形的外套为主要特征。马裤又长又紧，裤腿底部系有蝴蝶结等缎带装饰，鞋子流行尖头敞口的轻便款。（跳舞的时候，男士会解开扣子，露出衬衫的花边。）优雅的女性则比男性更具穿衣的审美品位。这一时期，男女的服装结合了对英式的狂热和对古典的迷恋。

罗伯斯庇尔于1794年倒台，奢侈风潮卷土重来。当时主导时尚的人多是些流亡的贵族，他们在伦敦流亡期间，沾染了英国的奢华品位。此时，头饰变得低矮并且不再在头发上搽粉。这一时期，许多年轻人纷纷穿起狩猎或骑马时所穿的外套。所有人的举止都带有一些军人的味道。外套款式的变化非常快；有些衣服花了两个小时制作，只穿不到12个小时就过时了。

古希腊和古罗马风格服装的流行可以追溯到督政府时期。古罗马风格的服饰更适合身材丰满圆润的女性，她们的体态与罗马女祭司相似。古希腊风格的服饰适合年轻优雅、身材匀称的女性。追求复古风尚的女性开始效仿古代雕像中的服饰，如花神和狩猎女神的礼服、农业女神和智慧女神的长袍、灶火女神的面纱等。裁缝也从古代绘画和雕像中汲取设计灵感。这一时期用于制作女装的白色轻质面料大多来自英国。

法国执政府时期（1799—1804）的女装依然华丽，但相对平易，与督政府时期粗俗的风格有着明显的不同。此时无论是紧身胸衣、窄肩长裙，还是拖地裙，都不像此前的薄纱束腰外衣那么大胆了。督政府和执政府时期的服饰在法国之外引起轰动，遍布欧洲各地。1801年，时髦的年轻人会穿着灰蓝色、灰绿色或深棕色的毛呢短外衣、正装短裤和白色长袜，也有穿宽长裤搭配高筒靴的。男士的领口有所收紧。红色和白色的汗衫以及下装明显带有普鲁士的风格。（图385）

图 379　1794—1800 年，法国女性的服饰。

465

图 380　1794—1800 年，法国女性的发型和发饰。

图 381　1795—1799 年，法国督政府时期的服饰。

图 382　1783—1803 年，德国的法式时尚。

图 383 18 世纪末，法国女性服饰。

图384　1802—1814年，
法国女性服饰。

图 385　1799—1804 年，法国执政府时期服饰和帽子。

图 386 1801—1805年，
各阶层人物的服饰。

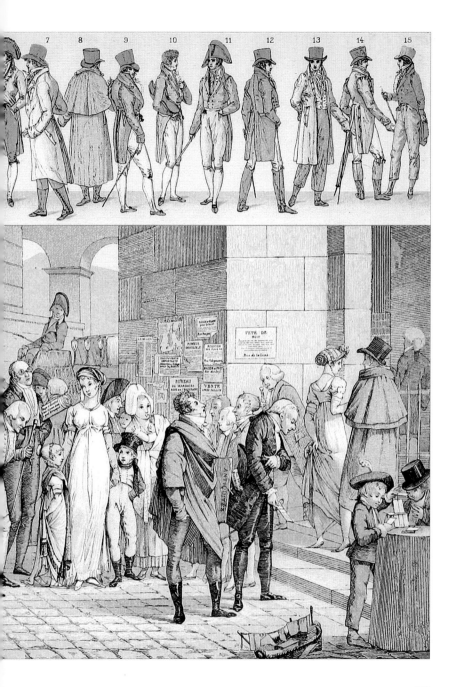

CHAPTER
FOUR

第四章

19 世纪末的
传统服饰

1　瑞典、挪威、冰岛和拉普人

　　拉普人（图 387）大多居住在北极圈内的斯堪的纳维亚地区，那里土地贫瘠，一年中有 9 个月被大雪覆盖。由于游牧生活的需要，拉普人住在帐篷里，是欧洲最后一个或多或少过着原始生活的民族。为了保护自己免受寒冷的侵袭，他们把自己包裹在由两到三层皮毛和羊毛制作而成的衣物中，用这种“密封系统”来隔绝外面的空气。除了某些头饰不同之外，男人和女人的穿着大抵相同，只是叫法略有不同。男女都穿靴裤，裤长至大腿的一半，套在鞋子上面。他们还穿着相同的袜子和皮衣。妇女们负责剪裁和缝制服装，制作鞋子和手套，为驯鹿制作挽具、项圈、马鞍和缰绳。拉普人最喜欢的皮料来自驯鹿的幼崽，他们会在驯鹿幼崽第一次脱毛时将其杀死，此时得到的皮厚实又柔滑。

　　在冰岛（图 388），男人曾经有特定的民族服装，但他们逐渐改变了民族服装的样式，现在他们所穿的夹克和长羊毛背心与阿尔萨斯农民所穿的大抵相同。

　　服饰的多样性是瑞典的一个显著特征，这无疑是由于当时国家被划分为无数个区域部落，每个区域部落都主张自己成为独立的王国而造成的现象。女性穿着的服装历史悠久，而男性服装只能追溯至“农民起义运动”的早期。瑞典女性偏爱绿色、蓝色和明亮的红色。所有的航海者都在谈论她们美丽的面容、苗条的身材、娴雅的举止、娇艳的肤色和秀丽的头发。斯堪的纳维亚地区的人

们制作服饰的法则之一就是引入异国情调的元素。（图 390—393）

在挪威，女性为自己和家人做衣服的传统在 12 世纪末消失了，男性的衣服在剪裁上逐渐变成日耳曼—法兰克风格。

松树是最适应挪威和瑞典气候的树种，其木材成为北欧国家普遍使用的建筑材料。那里的村庄与在法国看到的一簇簇房屋群完全不同；一个村庄往往占地数里。在当下挪威村庄的建筑群落中，还可以找到最完整的原始木结构民居。建筑群落由一系列独立的小木屋组成，其主要建筑是家庭卧室，通常是一个小屋。在挪威，小型的农场被称为"赛特"，那里冬天无人居住；到了夏天，年轻的女孩可以独自在这里管理牛羊。这里的房屋通常只建有两个部分，即门厅和公用房间。在公用房间里，人们不仅吃饭睡觉，还进行纺织等劳作。（图 394）

图 387　拉普人的服装和生活用品。

图 388

图 388、图 389　瑞典、挪威、冰岛和拉普人的服饰。

图 389

图 390　日常用具。

图 391 乡间民众服饰。

484

图 392　节日盛装、婚礼服饰。

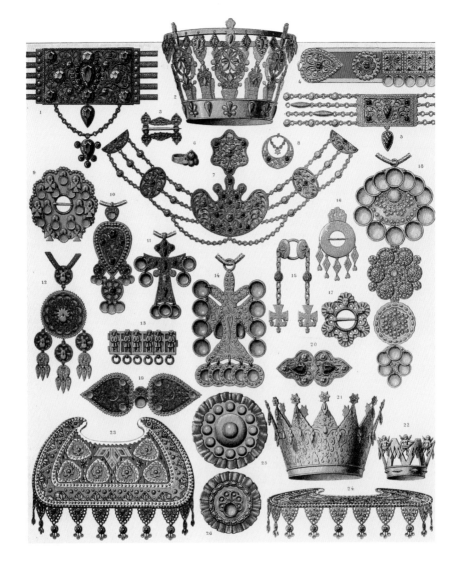

图 393　瑞典、挪威流行的华丽饰品。

图 394　木屋的内部结构和日常物品。

2 荷兰

荷兰与其他地方一样，农民和沿海居民的生活是相对落后的。居住在泽兰的撒克逊人多以农业为生，他们的孩子一学会走路就和父母穿同样的服装。当他们结婚时，父母会送他一件上衣、一件马甲、一条黑色短马裤和一件长袍。夹克衫、马甲、领结、短而紧的马裤和带扣的鞋子，大多到了近代才出现在这里。直帽代替三角帽，表明了服饰向现代化演进的趋势。这种趋势的另一个重要标志是"惠肯"的消失，这是一种古老的可用于防雨的帽子，是荷兰人杰出的发明，如今戴它的人越来越少。

1807 年，马斯坎普（荷兰出版商）指出，荷兰的每个城镇都有自己独特的服装，在阿姆斯特丹，甚至每个城区都有其独特的服装。图 397 和图 398 展示了荷兰女性融合现代风格和民族传统的头饰。乌尔克岛的男性，其服饰包括皮帽、短夹克、双排扣马甲、类似短裙的宽松褶皱短裤、黑色长袜和银扣宽头平底鞋。

在当时，荷兰有一类被称为"安斯普勒克"的人，他们着一袭黑衣执行任务，主要是用凄惨的声调宣布居民的死讯，并在死者的葬礼上祈祷。

弗里斯兰妇女的民族服装很复杂。女性在不同时期不同状态下，会穿着不同的服装，未婚、已婚、丧偶的女性其服饰有着明显差异。欣德洛彭的富人家中已经出现了东方韵味的家具陈设（图400）。这种风格带有路易十四时期的繁复与奢华。家具的鲜艳色彩和壁龛式床外部木构的素色之间形成鲜明的对比。

图 395

图 395、图 396　19 世纪初，荷兰的流行服饰。

图 396

图 397　19 世纪初流行在乡下的常服、节日盛装和头饰。

图 398　14 世纪，荷兰女性服装配饰以及头饰。

图 399　各种首饰和日常物品。

图 400　住宅的内部。

3 苏格兰和英格兰

　　直到 1745 年，苏格兰珀斯郡还保留着一片方圆 3 万多千米的荒地，即兰诺克荒地，除了生活在与外界相连的狭窄通道中的当地人，外人几乎难以涉足。在 18 世纪以前，居住在高地和低地的人们之间几乎没有交流。直到 1811 年，马车才第一次在它们之间通行。众所周知，高地凯尔特人的一大特点是氏族划分。氏族首领被称为领主，所有的氏族成员的名字都有相同的前缀，即 mac（儿子）。

　　在整个英国，格子图案和格子花呢布料的出现可以追溯至久远的时代。每个氏族的格子花纹其整体设计和配色方案都不相同，进而演化出社会群体性的标志。此外，人们的着装受到等级的约束，按照《伊尔布雷奇塔法》的规定：农民和士兵只能穿一种颜色的服装，军官穿两种颜色，氏族首领穿三种颜色，中层贵族穿四种颜色，高层贵族穿五种颜色，哲学家、诗人等穿六种颜色，皇室则穿七种颜色。"阿里赛德"是一种今天少有人穿着的格子呢服饰，它的长度足以把一个人从头到脚包裹起来。

　　通过将英国近百年来流行的服饰（图 404—406）汇集在一起进行比较，不难发现，虽然某些服饰发生了巨大改变，但英国人的某些穿着习惯还是得以延续和保留。诸如，英国的男人和女人外出都要戴帽子。

图 401 苏格兰首领、士兵等服饰。

图 402　苏格兰贵族、诗人等服饰。

图 403　苏格兰高地人服饰及农牧用具、武器等。

图 404　18 至 19 世纪，英格兰社会中下层民众的服饰。

图 405　19 世纪上半叶，英格兰社会下层民众的服饰。

图406　19 世纪上半叶，英格兰法官、主教、政府官员以及普通民众的服饰。

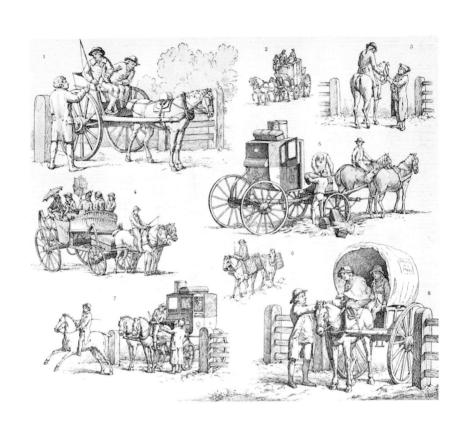

图 407　19 世纪早期，英格兰内陆主要的交通工具——马车。

4 德国和瑞士

在巴伐利亚地区，天主教徒和新教徒会穿着不同的服饰来表现各自的信仰。一般来说，天主教徒喜欢浅色，而新教徒多选择深色。天主教徒的帽子饰有黄绿缎带，新教徒的饰有黑缎带。

巴伐利亚妇女会在衬衫外面穿紧身胸衣，有的胸衣开口低到胸部，有的紧贴衣领。她们通常还会佩戴棉质的三角围巾，围巾大多为亮红底色，上面印有花卉图案。巴伐利亚妇女穿着的厚褶裙服长度适中，颜色通常比较醒目，有亮红色、胭脂红色、绿色、蓝色，等等。围裙一般与厚褶裙服是同一色系。但在节日期间，她们会穿饰有蕾丝花边和刺绣缎带的丝绸材质的围裙。男人戴的宽边帽子所用材质比较柔软，因此形状多种多样。生活在乡下的人平时大多穿样式简单的没有腰身的夹克，但到了星期天，人们就会穿上一件饰有金属纽扣的深蓝色羊毛大衣；纽扣后来逐渐被当地流通的硬币所取代，一般是六枚十字硬币或泰勒硬币。人们在狂欢时，会用刀子拆下衣服上的纽扣，拿来进行馈赠或是交易。（图 408、409）

在波西米亚生活的德国人几乎不再穿着他们的民族服装。在萨克森，妇女穿戴的丝绸长裙、围裙、羊毛披肩上绣满了各色的装饰图案。

瑞士人喜欢明亮鲜艳的色彩。这里的居民喜欢穿亮色的衣服，他们的举止充满自信。图 410 中的一位乡下女子摆出娴静的姿势，很好地展现了她服装的魅力。即使在今天，在瑞士乡下还可以找到伯尔尼传统服饰的痕迹，包括饰有黑色蕾丝花边的头巾。其实，与欧洲许多地区一样，伯尔尼本地仍然穿着传统服饰的人要么集中在乡下，要么是底层的劳动者，以妇女居多。（图 411）

图 408

图 408、图 409　德国各地的主流服饰。

图 409

图 410　19 世纪上半叶，瑞士流行服饰。

图 411

图 411、图 412　19 世纪，瑞士女性服饰。

图 412

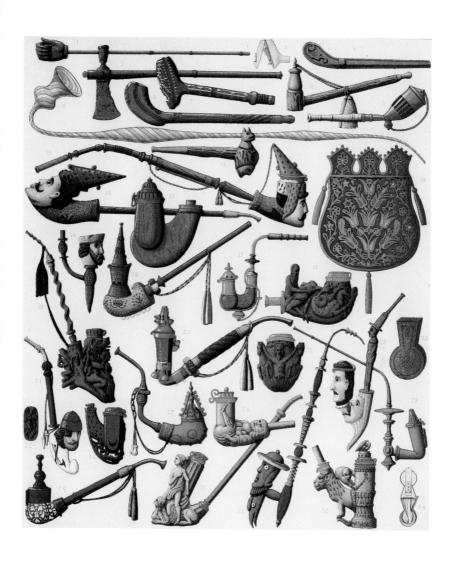

图 413 在欧洲大陆流行过的烟具。

5 俄罗斯

俄罗斯帝国民族众多，自然而然形成了其多样的民族服饰。可惜的是，由于缺乏相关文献，我们无法确定那些时代久远的服饰的特征。

俄罗斯从拜占庭吸收的不仅是宗教，还有整个文明。在俄罗斯，拜占庭服装首先渗透到宫廷，然后影响了整个上层社会。在此之前，俄罗斯男性穿着相对较短的外套，从腰带以上开襟，代替它的是没有开襟的拜占庭长袍，镶有彩色布边。女性比男性更热衷于这一服饰上的变化。然而，13世纪中期，蒙古人的入侵改变了这种穿衣风格。上层阶级很快就穿上了征服者的服装。起初，人们试图将两种风格进行融合，后来则完全抛弃了拜占庭服饰，君主的服装也不例外。蒙古长袍的特点是正面完全开襟，胸前缝有纽扣用来闭合长袍。无袖外套被一种宽领大衣取代，这种大衣的衣领，可以折叠在肩膀上，也可以保持直立，仿佛一个兜帽。这种蒙古式的服装在俄罗斯延续了几个世纪，直到现在仍可看到某些地区的俄罗斯人穿着这种服装。

在16世纪的俄罗斯，男性开始流行穿着一种宽而短的衬衫，这种衬衫的领子通常很小，肩部到领子之间用红色的三角形丝绸绣品加以装饰。富人们渐渐流行一种紧身的长袖外衫，这种衣服的下摆通常垂到膝盖处，它的袖子很长，完全展开则可以遮住双手。这种服装所用的布料有丝绸、天鹅绒、塔夫绸、羊毛或棉布。

俄罗斯人穿的靴子通常用彩色的摩洛哥皮革制作而成，鞋头较尖。

女性的服装与男性大致相同，只是会稍微宽松一些，很少见束身长袍。俄罗斯地域广阔，服装种类繁多，很多地区的服饰并没有受到拜占庭的影响。例如斯拉夫人或鞑靼人的原始居住地。当地的女性服饰保留了原始的民族特征，其中最具代表性的是款式众多的头饰（图417、418）。然而，她们的化妆技法相对粗糙，只是简单地施以白色和胭脂色的化妆品。这种习俗曾经普遍流行于上层阶级。

图420展示了俄罗斯人跳舞的场景，他们的舞蹈更像是一场求爱的舞剧。年轻的俄罗斯舞者步履轻盈、身法矫捷。他们有时单脚旋转，身体随着旋转下移，在几近坐姿的时候突然弹跳起来，摆出一种有趣的姿势，这一系列的舞蹈动作在舞者持续的旋转中不断地发生着变化。

图 414

图 414、图 415　16 至 19 世纪，上层社会的服饰。

图 415

图 416　19 世纪，平民服饰。

图 417　19 世纪，俄罗斯流行的各种头饰。

图 418　19 世纪，俄罗斯流行的各种女性头饰及妆容。

图 419 乡间农民的住所。

图 420　19 世纪，俄罗斯舞蹈（上）、婚礼（下）的场景。

图 421　19 世纪，切列米斯人、保加利亚人的服饰。

图 422　卡尔梅克人的圆顶帐篷。

图 423　克里米亚半岛的各民族的帽饰（上）。
西伯利亚至阿拉斯加一带各民族的服饰（下）。

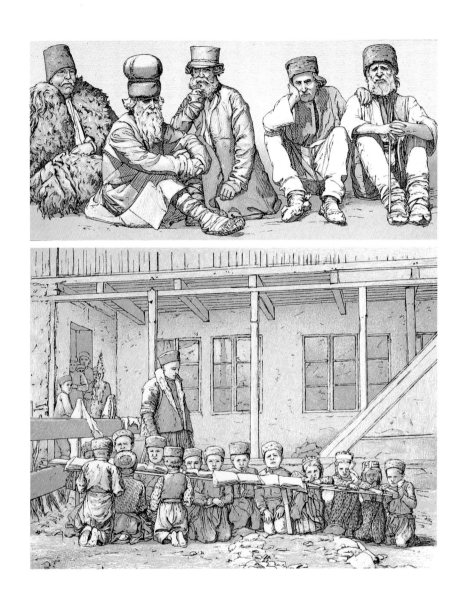

图 424　哥萨克人、罗马尼亚人、鞑靼人的服饰（上）。鞑靼人的学校（下）。

6 波兰、匈牙利、克罗地亚和乌克兰

尽管存在一些细微的差异，但斯拉夫人统一的民族性是无可争辩的，这一点从现今仍在其民族间流行的服装上便可得到证实。斯拉夫人分为三个主要的群体：东斯拉夫人（白俄罗斯人和罗塞尼亚人）、西斯拉夫人（波兰人、捷克人、塞尔维亚人和斯洛伐克人）及南斯拉夫人（保加利亚人、克罗地亚人和斯洛文尼亚人）。从公元 2 世纪到 10 世纪，斯拉夫人的服装一直比较简洁朴素。形成这一现象的主要原因是：民族团结和中欧相对一致且温和的气候。但最主要的是这些民族相对团结统一，他们按照充分的民主规则管理民族内部事物，并且一致对抗侵略者，没有所谓的特权阶级。这一时期所残存的文献显示，男性所穿着的长裤宽窄不一，束带长袍延伸至膝盖以下，帽子的样式呈圆锥形，有平顶的，也有尖顶的。外套多是一件粗羊毛的无袖斗篷，通常系在左肩，可以将身体的左侧完全覆盖。妇女们则穿着两层长袍，里长外短，其中外层长袍仅垂至膝盖，且为短袖。这种穿衣形式是从古代罗马妇女那里借鉴而来。在今天的波兰，某些省份的乡村妇女仍然穿着类似的长袍，但袖子比之前要长一些，达契亚人创制的有袖长袍至今仍在波兰的乡村盛行。

波兰本国的历史要到 10 世纪基督教传入之后才真正开始。随之而来的是西欧封建社会的影响。此后，服装逐渐成为身份的象征与标志。波兰地处西方基督教文明和亚洲阿拉伯文明的交界处，必然受到二者的影响。14世纪波兰人的服装仍很传统，一件长而紧身的束腰外衣，直立的衣领大约有3厘米。这种束腰外衣是斯拉夫人的传统服装，其形式基本没有发生改变，直到19世纪初，波兰人仍然穿着这种服装。从14世纪开始，西欧的服饰对波兰人的衣着服装产生了强烈的影响。皇室和贵族的服饰逐渐远离日常生活的需要。16世纪，波兰的贵族和资产阶级开始改良传统的斯拉夫长袍，呈现出多种样式。在绅士服饰中，军刀成为不可缺少的一部分。普通民众的服饰则包括：短款束腰袍，紧身裤，长大衣或羊皮外衣，用树皮纤维制成的靴子或鞋子，窄檐锥形帽子，宽窄不一、材质不同的皮带。妇女们的服饰有衬衫、衬裙、紧身胸衣和长大衣等。（图425—428）

18世纪末和19世纪初，波兰各地的服饰呈现出更细致的区分。因此，我们可以搜集到其缤纷多样的民族服饰。

图 425　13 至 14 世纪，波兰各阶层人物的服饰。

图 426　14 至 15 世纪，波兰绅士、商人和农民的服饰（上）；王室成员的服饰（下）。

图 427　14 至 15 世纪，波兰士兵和平民的服饰（上）；日常和仪典的服饰（下）。

图 428　16 世纪，波兰皇室、贵族等上层社会人物的服饰。

图 429　18 至 19 世纪，波兰军官、贵族和平民的服饰。

图 430　17 至 18 世纪，波兰士兵的服饰和武器。

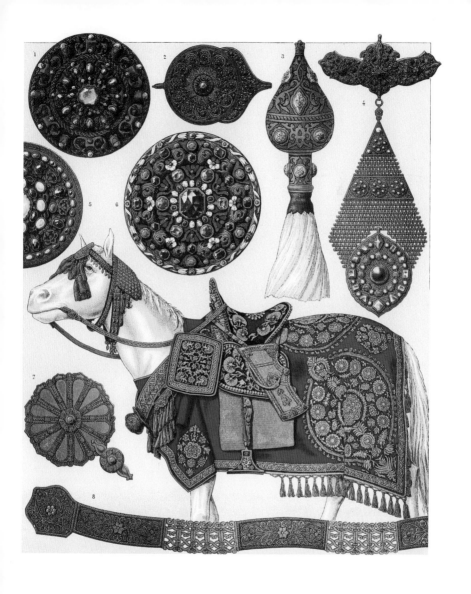

图 431　17 至 18 世纪，波兰战马的配饰。

图 432　19 世纪，波兰民众的流行服饰。

图 433　19 世纪，波兰农民的服饰。

图 434　19 世纪，乌克兰罗塞尼亚人的刺绣。

图 435　18 世纪末至 19 世纪初，匈牙利、克罗地亚贵族和平民的服饰。

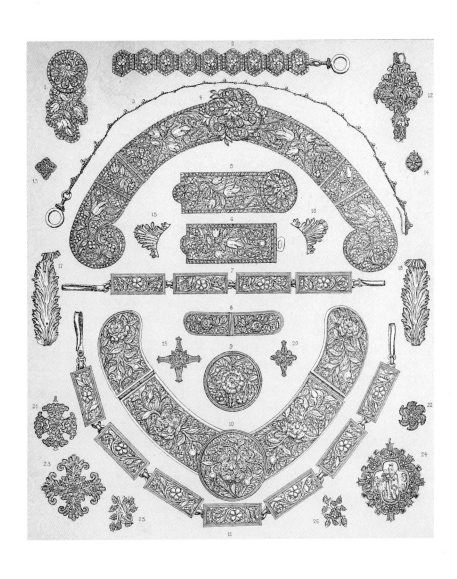

图 436 19 世纪，匈牙利人服饰、用具上的雕刻装饰品。

7　东色雷斯地区

　　多瑙河不仅对欧洲军事力量产生影响，也对古希腊和古罗马文明的传播产生重大影响，它如同一道屏障，阻挡了各方的势力。值得注意的是，尽管靠近土耳其，南部斯拉夫人并未受到伊斯兰教的影响，依然保持着自己的信仰。斯拉夫人服饰中的织锦和刺绣工艺曾在巴黎世界博览会上广受赞赏。这些精湛的工艺在历史各个时期都被认为源于古老的亚洲艺术。服装所用的布料精致且耐用，织绣出来的彩色图案为服装增添生动的气息。这些衣服是人类已知最好的亚麻制品。

　　默西亚地区农妇的服饰很好地展示了当地的织锦工艺（图438）。她们的服饰最多可达29种物件，每一件都有特定的功能；其中紧身胸衣、无褶硬裙、围裙、缝纫袋是基础服饰。南部的斯拉夫人通过规律并且层次分明的条纹，以及丰富艳丽的色彩，让他们的每一件衣服呈现出独有的视觉效果。

　　伊庇鲁斯人和阿尔巴尼亚人主要从事服饰制造业。伊庇鲁斯的首都雅尼纳（约阿尼纳）的裁缝、绣工们为整个希腊提供精美的服装，这些服装的面料里层几乎看不见刺绣的痕迹。（图439）

图 437　生活在东色雷斯地区的希腊和保加利亚农民的服饰。

图 438　生活在默西亚和阿尔巴尼亚的民众的服饰。

图 439　伊庇鲁斯人和阿尔巴尼亚人的流行服饰。

图 440 生活在土耳其、埃及和保加利亚的亚洲族群的饰品。

8 意大利、西班牙、葡萄牙

在罗马腹地，农民所穿的传统服饰已经消失殆尽。今天，罗马乡村的男女都穿着现代服装，与市民阶层的服装近似但显得陈旧。罗马周边的省份，民族服饰也只有在节日和重要场合中才会被人们穿上。因此，在罗马，人们有机会看到各个历史时期服装的代表，以及各地乡村的传统服装。农村女士的头巾，有时被用作面纱，佩戴时就像古罗马的女祭司和圣女那样；但在大多数的时候，则是经过几次的折叠后，盖在头顶上，两端垂下落至肩膀。无论贫富，女子都喜欢华丽的饰品，她们尤其偏爱各种金质的链饰。古典时代流传下来的发夹以及长耳环仍然广泛使用。罗马女子所穿的胸衣款式多样，但其主体是一件简单的紧身胸衣，腋下收拢，背后用细带打结加以固定。而罩在胸衣外的短袖衬衫采用宽直低平的领口。很多地方，人们对于裙子或开襟长袍的剪裁却较少变化。罗马女人的优雅还体现在所穿服饰搭配出来的颜色。卡西诺山一带的女性佩戴一种独特的扁平头饰（图444），穿着宽袖的亚麻长袖束腰外衣。这种衣服起源于爱奥尼亚，在古罗马时曾流行于妇女之间。当下农妇经常穿着的用柳条支撑的胸衣在古代比较罕见，可笼统地称之为简易紧身胸衣。（图441—444）

在西班牙，斗牛活动一直是重要的节日娱乐。但直到18世纪晚期，完备的斗牛工具、规则和仪仗才得以成形。斗牛士的服装经历了一个长期的变化，对比可以发现，紧身服装的形式一直得以保留，但夹克逐渐敞开，肩章也不再松散地垂着，马裤也尽可能地收紧，皮带变得更紧更细，长长的发网也被固定的发髻所取代。（图446）

塞戈维亚地区的女性在节日中会戴一顶饰以银色纽扣的丝绒材质的黑色帽子；身穿用金银线镶边的裙子；足穿带有花饰的平底鞋，通常还有彩棉制成的披肩。图448中两位戴黑色草帽的女士来自阿维拉地区，她们的帽子上系着丝带；裙子的颜色很鲜艳，材质也比较厚。阿斯图里亚斯地区的资产阶级妇女，通常穿由美利奴羊毛制成的长袍，搭配一件银线镶边的三角形丝绒披肩，披肩之上还有一条白色亚麻围巾，她们会在胸前将其随意地打个结以作装饰。

马拉加托斯人主要生活在西班牙莱昂省的阿斯特加山脉。这是一个古老的部落，有着迥异的民族特征、服饰和习俗。他们的男子通常穿一件短外套，并用皮带紧紧地扎起来，宽大的短裤延至膝盖，而吊袜带以红色为主。卢戈省的加利西亚人可通过布帽的戴法判断一个男子婚否，如绒球朝右表示未婚，朝左表示该男子已婚。瓦拉多利德地区的人所穿的服饰，带有明显的军事特征，布帽很像头盔，而用粗羊毛制成的披风，则像17世纪士兵所穿的大衣。（图449）

加泰罗尼亚人不认同西班牙人的身份，他们的语言更接近古老的普罗旺斯语。据说，加泰罗尼亚人凭借优越的自然条件可以独立于西班牙的经济圈。

阿拉贡人的服装没有加泰罗尼亚人那么现代化（图450），这与萨拉戈萨地区的人固执的本性很是一致。听闻，当一名阿拉贡人出生时，孩子的母亲会用盘子敲击他的头，如果盘子破了头没事，则说明孩子会是一个优秀的阿拉贡人；如果头破了，这个孩子则很可能不是一名合格的阿拉贡人。

　　旧卡斯提尔地区极端的气候和贫瘠的土壤一直阻碍着人口的增长。然而，这一地区的居民却真正代表着西班牙的民族精神：高贵和威严（图451）。图455中的服饰属于生活在巴伦西亚省、巴利阿里群岛的人们。马略卡岛上的人，其服饰多源于摩尔人，比如宽大的腰带和肥大的短裤等。（图456）

　　葡萄牙人的民族构成，受到临近的西班牙各省的影响。斯特拉博（古希腊地理学家、历史学家）描述这一地区的古代居民之所以身穿黑色的斗篷，主要因为他们的羊是黑色的。当地妇女常在头上戴一块平整的羊毛手帕，便于头顶重物。妇女的短外套独立于裙子，通常由羊毛制成，大多是红色的，它应该被视为带有肩带的紧身胸衣，其一侧缝有暗扣。裙子上的彩色斑纹部分用美利奴羊毛制成，其余部分则使用普通的羊毛制成。围裙则属于织锦工艺品。葡萄牙妇女所穿的鞋子其制作和装饰有着独特的风格。（图457、458）

图 441　19 世纪上半叶，意大利女性流行服饰。

图 442　19 世纪上半叶，流行于罗马的带有女性头饰等特征的男性服饰。

图 443　19 世纪，罗马下辖地区民众的流行服饰。

图 444 19 世纪，拉沃罗农民的服饰和乐器（上）；
卡西诺山一带女性的服饰（下），其中可见独特的扁平头饰。

图 445　18 世纪末，西班牙上层社会的生活、娱乐场景。

图 446　西班牙斗牛士的服饰和装备。

图 447　西班牙托雷多地区民众的服饰（上）。
安达卢西亚地区男性的服饰和用具（下）。

图 448　西班牙塞戈维亚、阿维拉、阿斯图里亚斯等地区流行的服饰。

图 449　马拉加托斯人、加利西亚人、瓦拉多利德地区居民的服饰。

图 450　19 世纪，加泰罗尼亚人、阿拉贡人的服饰。

图 451　旧卡斯提尔、阿拉贡等地民众的服饰。

图 452　加利西亚地区民众的服饰。

图 453　瓷器室。

图 454 安达卢西亚地区民居的室内外场景，巴伦西亚、托雷多等地农民、商贩、
手工业者的服饰。

图 455　巴利阿里群岛和巴伦西亚省的流行服饰。

图 456　18 至 19 世纪，巴利阿里群岛（马略卡岛、梅诺卡岛）居民的服饰。

图 457 葡萄牙各地民众的服饰和神职人员的服饰。

图 458　葡萄牙饰品，农妇的服饰。

9 法国

　　生活在奥弗涅地区的人们强壮而勤劳。比之山谷居民，高地居民的风俗习惯更加传统而少改变。他们尽心地维护这些早已被其他地区的人们遗忘的风俗习惯。几年前，上奥弗涅高地的当地人穿着传统服装进入人们的视野。他们的服装材质一般是粗糙的羊毛料，服装类型包括一件带有大口袋的长夹克，源自古代的条纹斗篷，由蓝色或灰色天鹅绒制成的长袍等。人们会在礼拜天穿上一种长款羊毛斗篷。对于尚未被现代时尚女装影响的当地女性来说，这已然是一种朴素的礼服，其胸前用一条印花软绸围巾进行装饰。（图459）

　　19世纪20年代，波尔多一带的女店员的服饰（图460）极其精致：丝绸长袍垂至脚踝，刚好露出平底小靴；腰间围着漂亮的天鹅绒围裙；头巾通过绳结固定在头上，后侧的两条束发带自然垂下。在那个时代，社会等级仍然可以通过衣着来判断。

　　严格说来，在朗德一带居住的人主要生活在靠近海洋的地方。他们以改良的高跷为放牧工具。此地，妇女在家庭中的地位很高，她们身穿长袖衫和半长裙，脚踩羊皮材质的保护垫，站在高跷上面劳作。（图461）

　　在比利牛斯山脉地区生活的居民无疑是西班牙人的后裔。该地区男子的服装大致相同：夹克、双排扣马甲、短裤和高绑腿等，简单说这就是传统的高地人服装。卷边三角帽现在已经不再流行了，但在下比利牛斯、巴斯克和贝阿恩地区生活的人的服饰中，它曾占有重要的地位。巴斯克女人大多戴头巾，而贝阿恩人则戴该地区常见的风帽。除此之外，宽大的亚麻衬衫和粗布制成的深色外裙在当地也很流行（图461）。

在索恩卢瓦尔地区，居民们保留了独具特色的古老习俗。例如女性服装的样式。人们穿着的旧式风帽和短斗篷，与17世纪莱茵河畔妇女的衣着惊人的相似。这种风帽的顶部会用羽毛和蕾丝做成花朵的样式进行装饰，有的还会附着一块巨大的围纱，从平展的帽檐边缘垂下。（图462）

阿尔萨斯并入法国（1648年）的前几年，那里依然存在着严格的社会等级制度。与中世纪一样，不同等级间的服饰用度规则极其详细，限制了丝绸、天鹅绒、丝带、毛皮、珠宝的品质用量和等级。当地六个社会等级中的第一等级包括富有的贵族、参议员、郡和市的地方行政官。这个阶层的着装有着宽泛的自由。当斯特拉斯堡重新回到法国时，男人们开始效仿起法国的着装，但女人们却保持着对传统服装的喜爱，这种做法一直持续到法国大革命时期。阿尔萨斯地区居民的服饰比较简单，不仅经过几代人的传承和完善，还受到各个时代主流审美的影响。近些年，阿尔萨斯的传统服饰多已消失。（图463）

英吉利海峡沿岸的渔民在服饰上与其他沿海地区的居民几乎没有什么区别。人们大都会在双排扣马甲外面再穿一件长款外套，像穿裙子一样在腰间系一条结实的腰带扎起衣服（图464）。在诺曼底，女性的服装比较多样，突显各个小地区的特点。诺曼式帽子源于英国人的角形高帽。卡昂地区有一种头饰：它的侧面用一块宽大的荷叶边包裹，并将其沿帽边立起，仿佛头顶出现了一圈光晕。（图465）

　　布列塔尼半岛一带的居民有着风格多样的服饰（图466—471）。这一地区的女子多戴细麻和棉线制成的头巾，蓬特阿贝地区的女子所戴头巾还分化出未婚和已婚女士的特定形制。莱萨布勒多洛讷地区人口众多，当地男子多从事捕鱼工作，女子则协助她们的丈夫。这些地区的人穿着各异的服饰，尤以女性头饰最为突出，有的十分优雅。

　　即使在今天，前阿莫里卡的居民仍然保留着他们的传统。部落以其服饰的颜色来区分。坎佩尔地区的人以蓝色为主，普莱邦地区的人多穿棕色，蓬蒂维地区的人大多穿白色，普卢加斯泰勒地区的人多穿红色，凯尔卢昂地区的人普遍戴蓝色帽子。这里的男人大多偏爱戴圆顶的毡帽，帽子上装饰着下垂的黑色天鹅绒宽丝带，帽顶上安有一个或多个银扣或锡扣，丝带上缀有各种颜色的丝绒线。女人的头饰各地都有差异，但她们所穿的裙装大致相同。

　　布列塔尼居民的住宅多为单栋双层建筑，上面一层是阁楼。布列塔尼居民使用的家具，其风格浅近朴素，多为乡村木匠的作品。其中，床会作为女子的嫁妆，其形制也不尽相同，如在菲尼斯泰尔地区，床是封闭式的。（图473、474）

图 459　19 世纪，奥弗涅地区居民的流行服装。

图 460　19 世纪上半叶，波尔多地区女性居民的服饰。

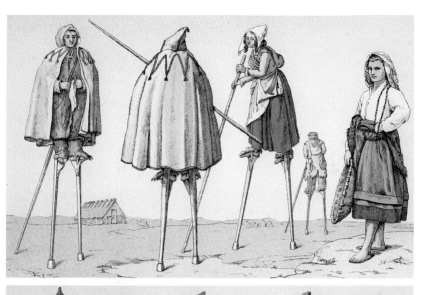

图 461　19 世纪上半叶，朗德、比利牛斯山脉西部居民的服饰。

图 462　19 世纪，索恩卢瓦尔地区居民的服饰。

图 463　阿尔萨斯地区 17 世纪流行的各种头饰和 19 世纪的流行服饰。

图 464　18 世纪末至 19 世纪初，英吉利海峡沿岸居民的流行服饰。

图 465   19 世纪上半叶，诺曼底地区女性的服饰。

图 466

图 466、图 467、图 468、图 469、图 470　19 世纪初，布列塔尼半岛居民的服饰。

图 467

图 468

576

图 469

图 470

图 471　19 世纪，布列塔尼半岛居民的服饰，莱萨布勒多洛讷地区女子和孩童的帽子。

图 472　19 世纪，布列塔尼半岛居民的绣品和装饰品。

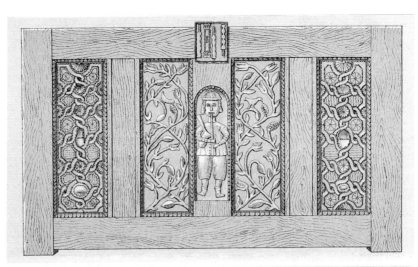

图 473　19 世纪，布列塔尼半岛的乡村家具——新娘用的箱子。

图 474　19 世纪，布列塔尼半岛的民居，新娘的服饰以及婚礼筹备中各种工作人员的服饰。

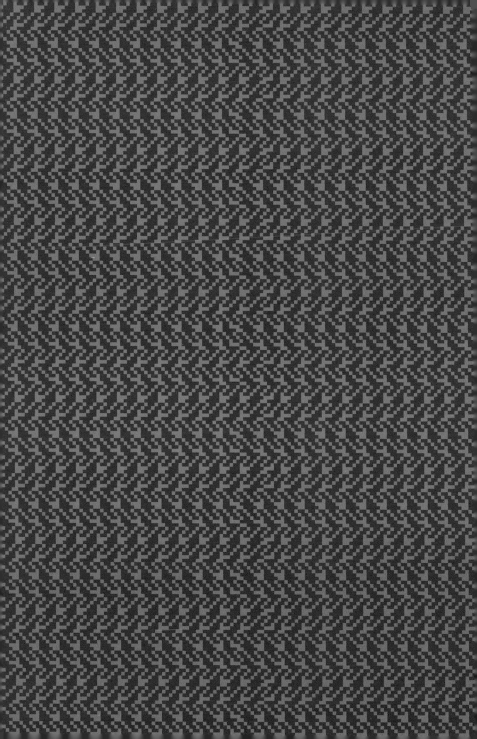